"十二五"国家重点图书出版规划项目

海河流域水循环演变机理与水资源高效利用丛书

河北省严重缺水系统识别与综合应对方略研究

王建华 冯战洪 李海红 卢双宝 赵勇 赵玲 等著

科学出版社

北京

内 容 简 介

本书以我国最缺水的省份之一——河北省为研究对象，面向深度缺水地区水资源安全保障的现实需求，研发了全口径缺水识别和严重缺水地区水资源合理配置技术，进行了河北省缺水状况的系统诊断，并在水资源演变与分项调控措施分析的基础上，开展了南水北调东中线通水情景下的水资源合理配置研究，提出了河北省应对缺水总体方略及其重点建设任务。

本书可供水资源、水文、环境、生态等领域的科研、管理和教学人员阅读，也可作为相关专业学生的专业读物。

图书在版编目(CIP)数据

河北省严重缺水系统识别与综合应对方略研究／王建华等著. —北京：科学出版社，2013.7

(海河流域水循环演变机理与水资源高效利用丛书)

"十二五"国家重点图书出版规划项目

ISBN 978-7-03-038055-5

Ⅰ.河… Ⅱ.王… Ⅲ.水资源短缺–研究–河北省 Ⅳ.TV213.4

中国版本图书馆CIP数据核字（2013）第136067号

责任编辑：李 敏 张 震／责任校对：钟 洋
责任印制：钱玉芬／封面设计：王 浩

科学出版社 出版
北京东黄城根北街16号
邮政编码：100717
http://www.sciencep.com

中国科学院印刷厂 印刷
科学出版社发行 各地新华书店经销

*

2013年7月第 一 版　开本：787×1092 1/16
2013年7月第一次印刷　印张：10 1/2 插页：3
字数：500 000

定价：80.00元
(如有印装质量问题，我社负责调换)

总　　序

流域水循环是水资源形成、演化的客观基础，也是水环境与生态系统演化的主导驱动因子。水资源问题不论其表现形式如何，都可以归结为流域水循环分项过程或其伴生过程演变导致的失衡问题；为解决水资源问题开展的各类水事活动，本质上均是针对流域"自然-社会"二元水循环分项或其伴生过程实施的基于目标导向的人工调控行为。现代环境下，受人类活动和气候变化的综合作用与影响，流域水循环朝着更加剧烈和复杂的方向演变，致使许多国家和地区面临着更加突出的水短缺、水污染和生态退化问题。揭示变化环境下的流域水循环演变机理并发现演变规律，寻找以水资源高效利用为核心的水循环多维均衡调控路径，是解决复杂水资源问题的科学基础，也是当前水文、水资源领域重大的前沿基础科学命题。

受人口规模、经济社会发展压力和水资源本底条件的影响，中国是世界上水循环演变最剧烈、水资源问题最突出的国家之一，其中又以海河流域最为严重和典型。海河流域人均径流性水资源居全国十大一级流域之末，流域内人口稠密、生产发达，经济社会需水模数居全国前列，流域水资源衰减问题十分突出，不同行业用水竞争激烈，环境容量与排污量矛盾尖锐，水资源短缺、水环境污染和水生态退化问题极其严重。为建立人类活动干扰下的流域水循环演化基础认知模式，揭示流域水循环及其伴生过程演变机理与规律，从而为流域治水和生态环境保护实践提供基础科技支撑，2006年科学技术部批准设立了国家重点基础研究发展计划（973计划）项目"海河流域水循环演变机理与水资源高效利用"（编号：2006CB403400）。项目下设8个课题，力图建立起人类活动密集缺水区流域二元水循环演化的基础理论，认知流域水循环及其伴生的水化学、水生态过程演化的机理，构建流域水循环及其伴生过程的综合模型系统，揭示流域水资源、水生态与水环境演变的客观规律，继而在科学评价流域资源利用效率的基础上，提出城市和农业水资源高效利用与流域水循环整体调控的标准与模式，为强人类活动严重缺水流域的水循环演变认知与调控奠定科学基础，增强中国缺水地区水安全保障的基础科学支持能力。

通过5年的联合攻关，项目取得了6方面的主要成果：一是揭示了强人类活动影响下的流域水循环与水资源演变机理；二是辨析了与水循环伴生的流域水化学与生态过程演化的原理和驱动机制；三是创新形成了流域"自然–社会"二元水循环及其伴生过程的综合模拟与预测技术；四是发现了变化环境下的海河流域水资源与生态环境演化规律；五是明晰了海河流域多尺度城市与农业高效用水的机理与路径；六是构建了海河流域水循环多维临界整体调控理论、阈值与模式。项目在2010年顺利通过科学技术部的验收，且在同批验收的资源环境领域973计划项目中位居前列。目前该项目的部分成果已获得了多项省部级科技进步奖一等奖。总体来看，在项目实施过程中和项目完成后的近一年时间内，许多成果已经在国家和地方重大治水实践中得到了很好的应用，为流域水资源管理与生态环境治理提供了基础支撑，所蕴藏的生态环境和经济社会效益开始逐步显露；同时项目的实施在促进中国水循环模拟与调控基础研究的发展以及提升中国水科学研究的国际地位等方面也发挥了重要的作用和积极的影响。

  本项目部分研究成果已通过科技论文的形式进行了一定程度的传播，为将项目研究成果进行全面、系统和集中展示，项目专家组决定以各个课题为单元，将取得的主要成果集结成为丛书，陆续出版，以更好地实现研究成果和科学知识的社会共享，同时也期望能够得到来自各方的指正和交流。

  最后特别要说的是，本项目从设立到实施，得到了科学技术部、水利部等有关部门以及众多不同领域专家的悉心关怀和大力支持，项目所取得的每一点进展、每一项成果与之都是密不可分的，借此机会向给予我们诸多帮助的部门和专家表达最诚挚的感谢。

  是为序。

海河973计划项目首席科学家
流域水循环模拟与调控国家重点实验室主任
中国工程院院士

2011年10月10日

序

　　河北省是我国最缺水的省份之一，缺水问题由来已久。20世纪80年代以来，河北省水资源短缺情势不断加剧。一方面，随着经济社会快速发展，经济社会用水需求量大幅增加，现状年供用水量已远远超出了允许开发利用量的上限；另一方面，受气候变化和下垫面条件演变的双重影响，近年来河北省水资源呈明显衰减的趋势，自产水资源量和入境水资源量急剧减少，不仅严重制约生产、生活用水安全保障，同时造成水生态环境进一步恶化。早在"八五"期间，国家就设立了科技攻关课题，开展了基于宏观经济的水资源优化配置研究。此后，华北地区水资源问题一直都是水资源研究的重点。

　　为保障经济社会可持续发展，河北省设立了"河北省应对严重缺水方略及近期实施意见"研究专项。该研究在基础层面建立了全口径缺水识别理论与技术体系，研发了严重缺水区水资源合理配置成套技术；在应用层面形成了河北省严重缺水系统诊断与识别成果，提出了应对严重缺水整体方案。该成果具有战略性、前瞻性和可操作性，已被确立为河北省践行可持续发展治水思路的基本框架，广泛应用于全省不同层面的治水实践，加速了节水型社会和南水北调配套工程的建设，促成了河北省水务集团的组建和引黄规模的加大，为河北省水利发展规划提供了全面支撑。

　　项目研究人员将研究成果集结成书，不仅可以将河北省严重缺水的系统应对方略推介给读者，对类似地区缺水问题的解决起到重要的借鉴作用，同时所创新的基础理论和技术方法对于推进水资源学科的发展也具有积极的意义。

中国工程院院士 陈志恺
2013年6月

前　言

　　河北省是我国缺水最为严重的省份之一，全省多年平均水资源量为 205 亿 m^3，人均水资源占有量仅为 $300m^3$ 左右，是全国人均水平的 1/7，其中黑龙港运东地区人均水资源更是低至 $160m^3$。缺水问题从 20 世纪 70 年代开始显现，进入 80 年代以后，随着河北省经济社会的快速发展，经济社会用水需求量不断攀升，现状年（2008 年）供用水量超过 200 亿 m^3，已远远超出了允许开发利用量的上限，水资源供需矛盾和生态环境问题进一步突出。发展至今，水资源紧缺不仅造成了农业灌溉水量严重不足、农村人口饮水不安全等社会问题，也导致了地下水严重超采、河湖湿地大面积萎缩、入海水量急剧下降等生态环境问题，同时还波及工业和城镇供水、干扰工业生产和人民生活秩序，从而上升为一个影响河北省经济社会可持续发展的全局性、战略性和根本性的问题。

　　缺水严重制约了河北省经济社会的可持续发展，引起了社会各界的广泛关注。2008 年 4 月中央电视台拍摄并播放了《华北部分地区用水堪忧》的专题内参片（第 14 期），报道了河北省邢台、邯郸部分地区存在着地下水含氟量超标、农业灌溉水量短缺、农田水利设施薄弱、地下水超采严重等一系列突出问题，再度引发了不同层面关于河北省应对严重缺水的深刻反思。对此，河北省省委、省政府作了重要批示，要求有关部门联合国家级科研单位成立专项进行攻关研究。

　　河北省水利厅迅速进行了专门部署，成立了由厅长李清林担任组长的领导小组，设立了本项研究，成立了由中国水利水电科学研究院水资源所和河北省水利水电第二勘测设计研究院组成的部门联合攻关项目组，开展河北省应对缺水战略研究。在研究过程中，河北省领导小组召开了十多次会议，召集有关专家共同研讨，细致审查成果，社会各方也纷纷献计献策，为成果高质量如期完成奠定了坚实的基础。

　　在各方的共同关心、支持和配合下，经过一个时期艰苦卓绝的辛勤工作，项目组在对引黄工程、饮水安全、综合节水、洪水资源综合利用和水生态修复等专项重点问题进行了认真论证和分析的基础上，编制了《河北省严重缺水系统识别与综合应对方略研究》总报告。报告基于大量的数据分析和第一手调查资料，首次系统地剖析了河北省严重缺水的现象并定量计算了分用户、分区域的缺水量，识别了造成河北严重缺水的内在成因、未来发展态势以及缺水对全省经济社会发展的深刻影响，揭示了深层次的水问题，客观、全面地反映了河北省严重缺水的实际情况。在此基础上，项目组提出了"保民生、重生态、促和谐、多途径、分片区、抓重点"的应对严重缺水总体思路以及"六个结合"的基本工作原则，进而在对开源、节流、配置和管理等多种缓解缺水途径进行综合分析和论证的基础上，提出由"实施最严格的水资源管理，充分利用以引黄、引江水为主的区外水源，加速保障城乡居民饮水安全的民生水利建设，完善水生态环境修复的体系建设，加大非常规水源利用力度，推进以水务一体化为主体的水管理体制改革，创新水价形成机制和优化产业结构布局"所构成的未来一个时期应对严重缺水问题的八大方略以及以"十二五"为重点，以优先完善引黄工程体系、加快水务一体化改革为核心的十项近期实施意见。总报告和专题规划整体构成了河北省应对严重缺水问题的系统方案，为河北省缓解严重缺水情势、协调资源约束和社会发展关系、保障经济社会又好又快发展提供了有力的科技支撑。今将《河北省严重缺水系统识别与综合应对方略研究》报告成果整理出版，以期为类似地区解决水资源短缺问题提供有益借鉴。

全书共分11章：第1章系统介绍了河北省区域概况、社会经济发展与水资源开发利用整体情况，系统分析了区域水资源短缺状况及其表象，由冯战洪、赵玲、卢双宝、翟正丽撰写；第2章系统分析了缺水相关研究现状以及河北省应对缺水工作的基础，由王建华、邵薇薇、李海红、周娜、余弘婧撰写；第3章系统构建了缺水识别基础理论，提出了全口径缺水识别技术和缺水空间展布方法，由王建华、李海红、黄耀欢、胡鹏、翟家齐撰写；第4章对河北省现状缺水进行了系统识别及诊断，计算了河北省各业缺水量，结合缺水空间展布，分析了缺水成因，提出了缺水对社会经济、生态环境所产生的影响，由李海红、王建华、周娜、赵玲、陈康宁撰写；第5章分析了气候变化下河北省水资源演变情势，分析了各项调控措施潜力与成本，提出了今后一个时期河北省应对严重缺水的优先措施，由王建华、邵薇薇、赵勇、冯战洪、何凡撰写；第6章形成了严重缺水地区水资源配置理论方法，研发了严重缺水地区水资源配置模型，进行了河北省水资源合理配置与供需平衡分析，提出了推荐配置方案，由桑学锋、赵勇、冯战洪、卢双宝、夏庆福撰写；第7章确定了河北省应对缺水的基本思路，提出了河北省应对缺水的八大方略，由王建华、赵勇、李海红、冯战洪、胡鹏、桑学锋撰写；第8章确定了河北省缓解严重缺水状况的工作目标与总体安排，提出了近期的主要任务，由王建华、卢双宝、赵玲、赵勇撰写；第9章对提出的八大方略实施的预期效果进行了系统分析，由卢双宝、赵玲、冯战洪、邵薇薇、刘家宏、刘淼撰写；第10章进行了方略实施的保障措施与外部环境研究，提出水务集团组建方案以及方略实施的相关政策建议，由王建华、冯战洪、卢双宝、赵玲、曹尚兵等撰写；第11章对本书基本结论与主要创新进行了系统梳理，由王建华、赵勇、李海红撰写。

本书成果得到了河北省政府的充分肯定和国内专家的高度评价。2009年6月15日,时任河北省省长胡春华召开了省政府第35次常务会议,审议并通过了依据本成果形成的《河北省应对严重缺水总体方略与近期实施意见》,并对本研究提出的八大方略和十项措施给予了高度肯定。会议强调,"当前和今后一个时期,我省应重点实施八大方略",会议要求,"2015年以前我省要重点实施项目研究提出的十项措施","当前,要立即启动引黄工程,确保今年调入黄河水6亿立方米,并逐年增加,切实用足用好黄河水指标"。根据会议指示,河北省水利厅积极加强与各方协调,加快引黄工程前期工作,扩大引黄规模,促成了2009年河北引黄河水6亿 m^3 以及河北省水务集团的组建。

2010年2月2日,河北省发展和改革委员会与河北省水利厅在北京联合召开了《河北省应对缺水总体方略及近期实施意见》高层咨询会,国家水利部、国家发展和改革委员会、中国国际工程咨询公司和中国工程院等有关部门的领导和专家出席了会议。包括水利部胡四一副部长和多名院士在内的领导和专家对本研究成果给予了高度肯定,专家组一致认为"所提出的应对方略和近期实施意见不仅具有战略性和前瞻性,且符合实际、切实可行,为当前和今后一个时期河北省水资源工作指出了方向和目标,明确了任务和重点,是河北省各级人民政府应对严重缺水问题决策的基本依据和技术支撑"。

需要特别说明的是,本成果面向重大实践,一经提出就得到了广泛应用,在宏观上对河北省可持续发展水利、民生水利战略的形成和完善发挥了重要的作用,微观上对于河北省水务集团组建、引黄工程体系建设等重大决策的加快起到了决策性的作用。在此过程中研究成果也在实践应用和检验中不断深化和完善,研究与管理形成了很好的互动和良性循环,为应用性研究创造了一个很好的研发模式。

本书得到流域水循环模拟与调控国家重点实验室自主研究课题,水利部公益性行业科研专项经费项目"水资源红线管理基础和监测统计考核体系研究",水利部水资源管理、节约与保护项目"水量分配组织与管理"和"流域、区域用水执行情况评估"等资助。本项目研究,得到了国家水利部、国家发展和改革委员会、中国工程院以及河北省各级部门领导和众多院士、专家的关心和支持,在此对他们的付出表示最衷心的感谢。

作　者
2013年3月

目　　录

总序
序
前言

第1章　河北省区情及面临的严重缺水形势 ……………………………… 1
　1.1　区域概况与社会经济发展 ……………………………………………… 1
　　　1.1.1　自然地理概况 …………………………………………………… 1
　　　1.1.2　社会经济概况 …………………………………………………… 1
　　　1.1.3　经济社会发展阶段分析 ………………………………………… 3
　1.2　水资源及其开发利用评价 ……………………………………………… 5
　　　1.2.1　水资源评价 ……………………………………………………… 5
　　　1.2.2　水资源开发利用评价 …………………………………………… 8
　1.3　区域缺水状况与表象分析 ……………………………………………… 10
　　　1.3.1　水资源条件分析 ………………………………………………… 10
　　　1.3.2　各行业缺水表象 ………………………………………………… 11
　1.4　省内外对缺水问题的关注 ……………………………………………… 14

第2章　缺水研究现状分析 …………………………………………………… 15
　2.1　缺水概念与类型研究 …………………………………………………… 15
　　　2.1.1　缺水的概念 ……………………………………………………… 15
　　　2.1.2　缺水的成因 ……………………………………………………… 15
　　　2.1.3　缺水的类型 ……………………………………………………… 16
　2.2　缺水识别研究 …………………………………………………………… 16
　　　2.2.1　基于资源本底的缺水识别 ……………………………………… 16
　　　2.2.2　考虑社会因素的缺水识别 ……………………………………… 18
　　　2.2.3　基于供需平衡的缺水识别 ……………………………………… 21
　2.3　河北省应对缺水工作基础 ……………………………………………… 24

第3章　缺水识别基础理论与技术方法研究 ………………………………… 26
　3.1　缺水识别基础理论研究 ………………………………………………… 26
　　　3.1.1　缺水的内涵分析 ………………………………………………… 26

3.1.2 区域缺水的主客体分析 ·· 27
3.1.3 竞争条件下的缺水梯度现象 ·· 28
3.1.4 缺水的类型划分 ·· 29
3.1.5 区域缺水状态识别的基本准则 ···································· 30
3.1.6 全口径缺水识别内涵 ··· 31
3.2 缺水识别技术方法研究 ··· 32
3.2.1 农业缺水识别技术 ·· 32
3.2.2 工业缺水识别技术 ·· 33
3.2.3 生活缺水识别技术 ·· 33
3.2.4 人工河湖生态缺水识别 ··· 33
3.2.5 生态与环境缺水识别技术 ·· 33
3.3 基于GIS的缺水空间展布 ·· 34
3.3.1 缺水分区 ··· 34
3.3.2 GDP空间分布模型的构建 ··· 35

第4章 河北省现状缺水的系统识别及诊断 ································ 37
4.1 河北省分用户缺水分析与计算 ··· 37
4.1.1 农业缺水计算 ··· 37
4.1.2 城市生活与工业缺水计算 ·· 43
4.1.3 农村生活缺水计算 ·· 44
4.1.4 生态与环境缺水计算 ··· 46
4.2 河北省缺水空间分布与分析 ··· 47
4.2.1 综合缺水空间分布及成因分析 ···································· 47
4.2.2 分类型缺水空间分布及分析 ······································· 49
4.3 河北省缺水系统诊断分析 ·· 53
4.3.1 程度划分 ··· 53
4.3.2 综合成因分析 ·· 55
4.4 河北省严重缺水的综合影响 ··· 56
4.4.1 经济影响 ··· 56
4.4.2 社会影响 ··· 57
4.4.3 生态与环境影响 ··· 57

第5章 河北省水资源演变与分项调控措施分析 ························· 59
5.1 区域水资源演变情势分析 ·· 59
5.1.1 气候变化和人类活动影响分析 ···································· 59
5.1.2 水资源演变情势预测分析 ·· 60
5.2 各项调控措施潜力与成本分析 ··· 61

|　　5.2.1　节水潜力与成本分析 …………………………………………… 61
|　　5.2.2　当地开源潜力与成本分析 ……………………………………… 62
|　　5.2.3　非常规水利用潜力与成本分析 ………………………………… 62
|　　5.2.4　区外开源规模与成本分析 ……………………………………… 63
|　　5.2.5　管理效果与成本分析 …………………………………………… 63

第6章　河北省水资源合理配置与供需平衡研究 …………………………… 65

6.1　基于全面建设节水型社会的用水需求预测 …………………………… 65
　　6.1.1　经济社会发展预测 …………………………………………… 65
　　6.1.2　节水水平预测分析 …………………………………………… 68
　　6.1.3　用水需求预测分析 …………………………………………… 72

6.2　多渠道开源条件下的水资源供给预测 ………………………………… 75
　　6.2.1　常规可供水量预测 …………………………………………… 75
　　6.2.2　非常规水供水量预测 ………………………………………… 77
　　6.2.3　可供水量 ……………………………………………………… 78

6.3　严重缺水地区水资源合理配置理论与方法 …………………………… 78
　　6.3.1　严重缺水地区水资源合理配置理论 ………………………… 78
　　6.3.2　严重缺水地区水资源合理配置模型方法 …………………… 83
　　6.3.3　严重缺水地区水资源配置模型构建 ………………………… 85
　　6.3.4　缺水地区水资源配置模型功能 ……………………………… 91

6.4　区域水资源合理配置分析 ……………………………………………… 91
　　6.4.1　水资源配置系统设置 ………………………………………… 91
　　6.4.2　水资源配置方案集 …………………………………………… 95
　　6.4.3　水资源配置推荐方案 ………………………………………… 97
　　6.4.4　推荐方案水资源供需平衡分析 ……………………………… 98
　　6.4.5　平衡结果分析 ………………………………………………… 99

第7章　河北省应对缺水的基本思路与总体方略 …………………………… 112

7.1　总体思路与遵循原则 …………………………………………………… 112
　　7.1.1　总体思路 ……………………………………………………… 112
　　7.1.2　遵循原则 ……………………………………………………… 113

7.2　总体方略研究 …………………………………………………………… 114
　　7.2.1　实施最严格的水资源管理，全面建设节水型社会 ………… 114
　　7.2.2　大力争取区外新增水量，充分利用好引黄、引江水 ……… 115
　　7.2.3　加速民生水利建设，保障城乡居民饮水安全 ……………… 117
　　7.2.4　完善工程与机制体系，促进水生态环境修复 ……………… 118
　　7.2.5　加大非常规水源利用，充分挖掘区内潜力 ………………… 119

7.2.6　强化水资源的综合配置，推进多水源联合调度 ……………………… 119
　　7.2.7　创新水价格和经济制度，发挥市场配置资源作用 ……………………… 120
　　7.2.8　优化产业结构和布局，实施"虚拟水"战略 …………………………… 121

第8章　河北省缓解严重缺水近期实施任务研究 …………………………………… 123
　8.1　目标和工作任务 ……………………………………………………………………… 123
　　8.1.1　实施目标拟定 ……………………………………………………………… 123
　　8.1.2　近期工作任务 ……………………………………………………………… 123
　8.2　投资估算 ……………………………………………………………………………… 127

第9章　方略近期实施效果的综合评价与分析 ……………………………………… 132
　9.1　资源效果分析 ………………………………………………………………………… 132
　9.2　社会效益分析 ………………………………………………………………………… 132
　　9.2.1　促进全省节水型社会建设加速实施 ……………………………………… 132
　　9.2.2　保障人民群众饮水安全 …………………………………………………… 133
　　9.2.3　提高水资源管理水平 ……………………………………………………… 133
　　9.2.4　支撑国家粮食增产计划 …………………………………………………… 134
　　9.2.5　加快南水北调配套工程建设步伐 ………………………………………… 134
　　9.2.6　促进河北省引黄工程建设进程 …………………………………………… 134
　9.3　经济效益分析 ………………………………………………………………………… 135
　　9.3.1　经济总投资情况 …………………………………………………………… 135
　　9.3.2　投资成本与效益分析 ……………………………………………………… 135
　9.4　生态与环境效益分析 ………………………………………………………………… 136
　　9.4.1　环境污染控制 ……………………………………………………………… 136
　　9.4.2　生态环境修复 ……………………………………………………………… 136

第10章　方略实施的保障措施与外部环境研究 …………………………………… 138
　10.1　方略实施保障研究 ………………………………………………………………… 138
　　10.1.1　内部保障体系研究 ……………………………………………………… 138
　　10.1.2　外部保障体系研究 ……………………………………………………… 139
　10.2　水务集团组建方案研究 …………………………………………………………… 140
　　10.2.1　组建水务集团的必要性 ………………………………………………… 140
　　10.2.2　水务集团组建框架 ……………………………………………………… 141
　10.3　方略实施的相关政策建议 ………………………………………………………… 142
　　10.3.1　争取国家对河北引黄指标和工程建设的支持 ………………………… 142
　　10.3.2　争取多方筹资，落实南水北调配套工程投资 ………………………… 143
　　10.3.3　推进新形势下的流域水资源合理配置进程 …………………………… 144

| 10.3.4 | 制定和实施利于节水减污的区域产业政策 | 144 |

第11章 基本结论与主要创新 145

11.1 基本结论 145
- 11.1.1 严重缺水状态识别与系统诊断 145
- 11.1.2 分项调控措施与水资源合理配置 145
- 11.1.3 未来水资源演变及供需态势分析 146
- 11.1.4 应对严重缺水的基本思路与总体方略 146
- 11.1.5 近期实施重点任务与投资估算 147
- 11.1.6 应对严重缺水的水务管理体制改革建议 147

11.2 主要创新 147
- 11.2.1 区域缺水全口径识别技术 148
- 11.2.2 严重缺水区域水资源合理配置技术 148
- 11.2.3 河北省严重缺水系统诊断与识别 149
- 11.2.4 河北省应对严重缺水整体方案 149

参考文献 150

第1章 河北省区情及面临的严重缺水形势

1.1 区域概况与社会经济发展

1.1.1 自然地理概况

河北省位于华北东部,区域面积18.77万 km²,环抱北京、天津,东临渤海,东南部、南部衔山东、河南两省,西倚太行山,与山西省为邻,西北部、北部与内蒙古自治区交界,东北部与辽宁省接壤。地势西北高、东南低,从西北向东南呈半环状逐级下降。河北省处于暖温带和温带半湿润半干旱大陆性季风气候区,由于南北跨度大,加之受地形的影响,气候分带性明显。其中,坝上高原属半干旱区,坝上高原以南、长城以北属半干旱半湿润区,长城以南属半湿润易旱区。全省多年平均降水531.7mm,降水量时空分布不均,全年降水量的70%~80%集中在6~9月。全省年平均气温4~13℃,多年平均蒸发量为900~1400mm(E601蒸发皿),从南向北减少。省内山地、高原、丘陵、盆地、平原等地貌类型齐全,从西北向东南依次为坝上高原、燕山和太行山山地、河北平原三大地貌单元。

河北省的河流分为外流河及内陆河两大系统,海河、滦河和辽河等属外流河,坝上地区的安固里河等属内陆河(图1-1)。海河流域由潮白蓟运河、北运河、永定河、大清河、子牙河及南运河六大水系组成,省内流域面积12.6万 km²,占全省总面积的67.0%。滦河(包括冀东沿海诸河)地处河北省东北部,省内流域面积45 870km²,占全省总面积的24.4%。辽河流域在河北省境内的面积为4413km²,占全省总面积的2.4%。内陆河位于河北省坝上高原,省内流域面积11 656km²,占全省总面积的6.2%。徒骇马颊河位于河北省东南隅,为平原排沥河道,河北省境内流域面积仅365km²。

根据地层岩性及赋存特点,河北省地下水有松散岩类孔隙水、碳酸盐岩类裂隙岩溶水、火成岩、变质岩类裂隙水及碎屑岩类裂隙水等类型。平原、山间盆地及坝上高原区主要为松散岩类孔隙水,总面积97 696km²,其中平原为73 129km²。山丘区则以火成岩、变质岩及碎屑岩类裂隙水为主。平原区地下水开采以山前平原全淡水区浅层地下水和中东部有咸水区深层(承压)地下水为主。

1.1.2 社会经济概况

河北省为我国北方大省,下辖有石家庄、唐山、秦皇岛、承德、邯郸、保定、张家口、廊坊、沧州、衡水、邢台11个省辖市(设区市),包括22个县级市、114个县、36

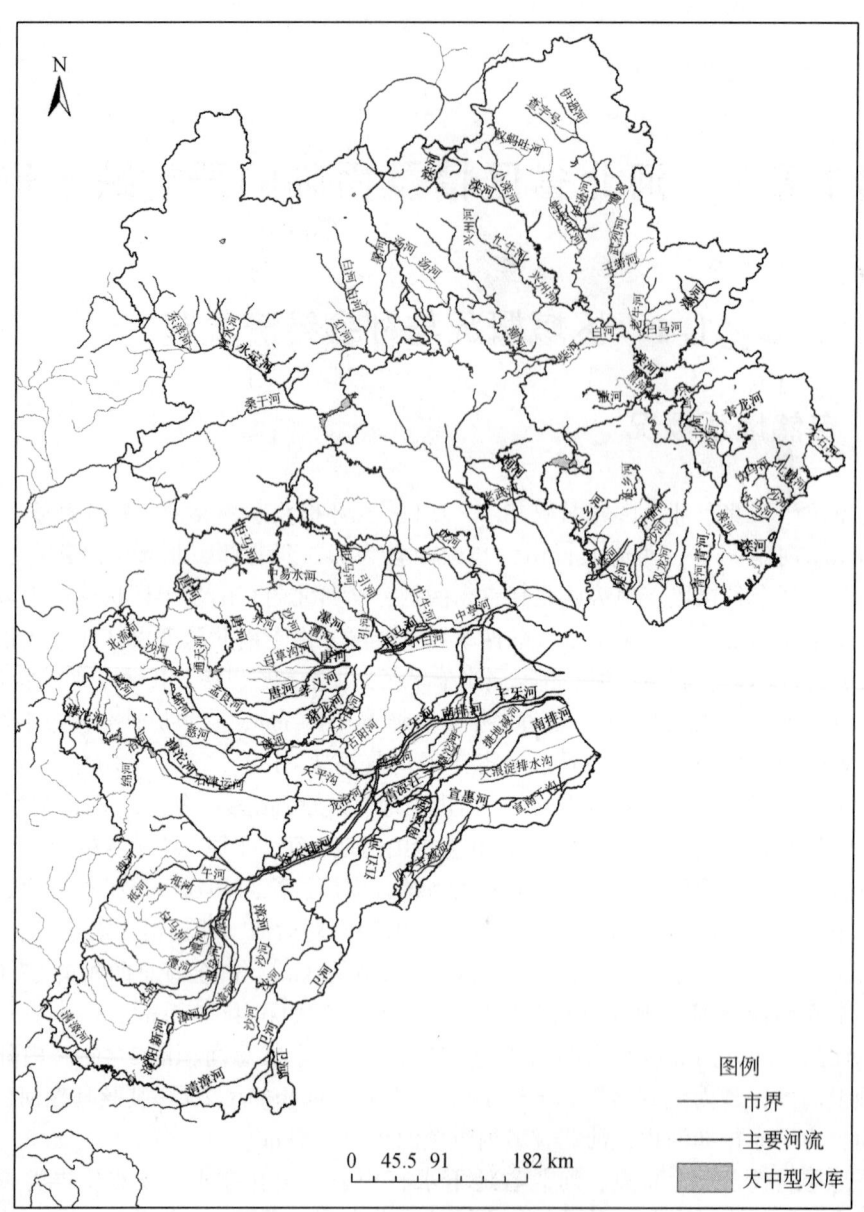

图 1-1　河北省水系与水文分区

个市辖区（图 1-2）。

据《河北省经济年鉴》，2008 年河北省全省总人口 6989 万人，其中城镇人口 2928 万人，占总人口的 42%。2008 年河北省全省国民生产总值 16 605 亿元，其中，第一产业 2036 亿元、第二产业 8810 亿元、第三产业 5759 亿元，分别占河北省总 GDP 的 12.3%、53% 和 34.7%，全省人均国内生产总值（GDP）为 23 706 元。河北省各地级市 2008 年三次产业结构见图 1-3。

河北省矿产资源比较丰富，工农业生产和交通较为发达，已形成石家庄、保定、邯

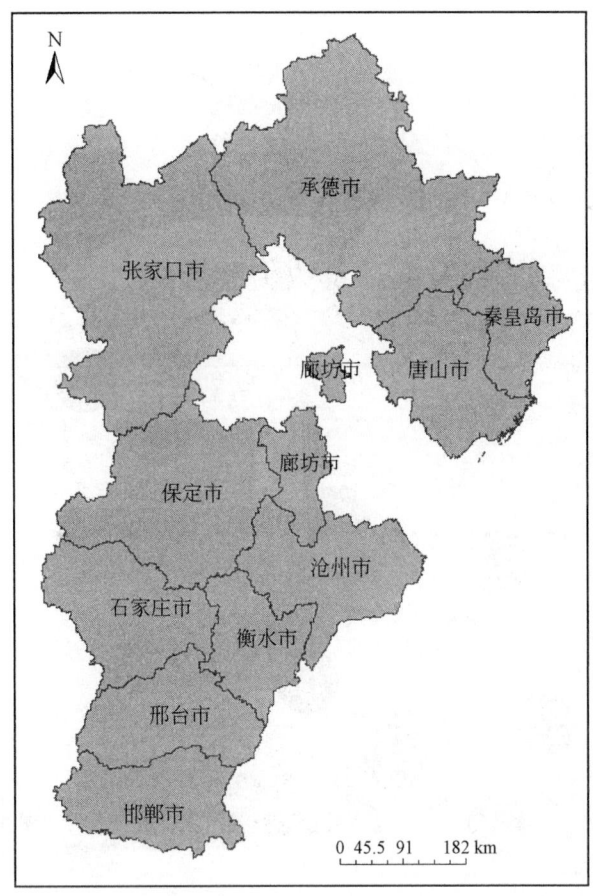

图1-2 河北省行政区划

郸、邢台、沧州、张家口、唐山、秦皇岛、承德等工业中心，初步建立了煤炭、石油、电力、冶金、化工、建材、纺织、机械、制药和食品等支柱产业。2009年完成工业增加值7902.1亿元，占全国的5.87%，人均工业增加值为1.12万元。

河北省土地肥沃，资源丰富，耕作历史悠久，日照充足，是全国粮、棉、油高产区之一。2009年河北省耕地面积631.5万 hm^2，其中有效灌溉面积457.9万 hm^2，粮食总产量2910.2万 t，人均粮食占有量413kg，为粮食调出省。2008年全省人均粮食占有量达到415.8kg，全省粮食调出量约60亿kg，调入量约40亿kg，净调出量约20亿kg。

1.1.3 经济社会发展阶段分析

河北省2008年GDP增长率为10.1%，总量居全国第6位，人均GDP居全国第13位。河北省是一个以农业为基础的工业大省。在工业结构方面，主导产业较为集中，十大主导产业占工业总产值的比例在80%以上；企业新产品销售收入比例为17.2%，整体处于上升阶段；出口额占GDP比例为9.5%，高技术产业增加值占工业总增加值不到3%，总体

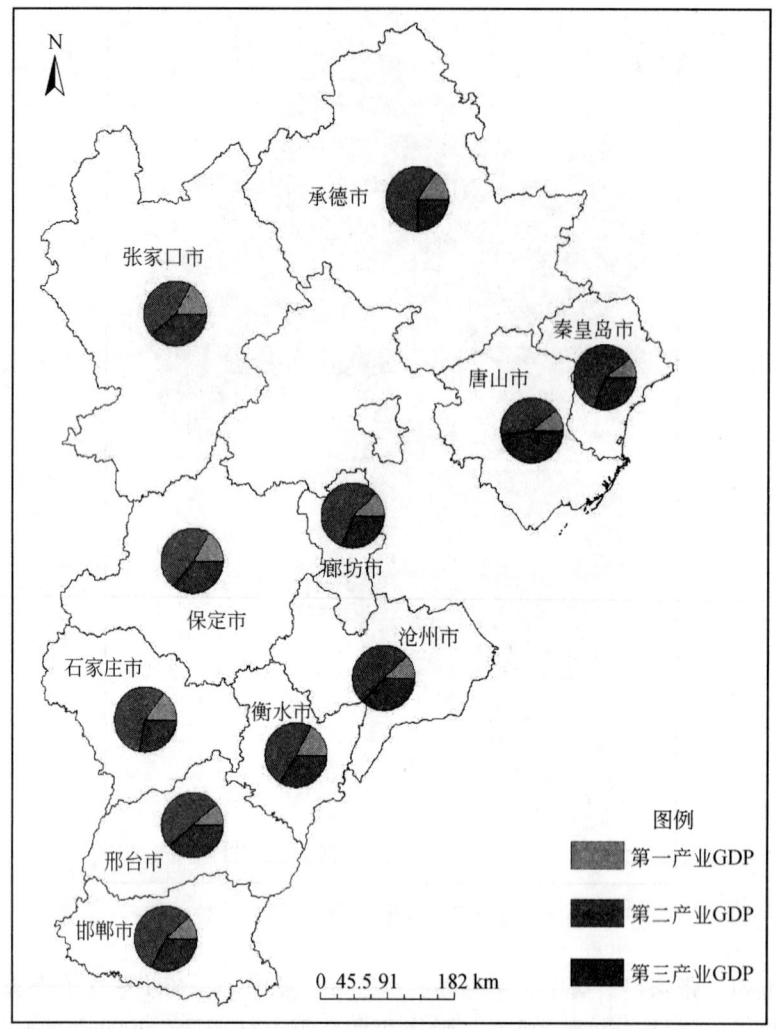

图 1-3 2008 年河北省地级市三次产业比例

水平较低。万元 GDP 能耗为 1.9tce，城镇人均公共绿地面积为 7.8m^2，失业率为 3.8%，整体处于可持续发展的阶段。

总体来讲，河北省仍处于工业化较初级阶段，第一产业产值占区域生产总值比例大，人均工业增加值不高，区域经济面临工业发展的迫切需求，工业在国民经济中所占比例较大。随着京津冀区域合作步伐的不断加快，京津冀都市圈已经纳入国家发展战略，三省市相互融合、互为支撑、共同发展的格局逐步形成。《京津冀都市圈区域规划》在 2007 年就已基本编制完成，已经进入报批和实施的阶段。河北省统筹环京津地区、冀东经济区、冀中南地区发展，发挥环京津、环渤海优势的区位优势，加快推进产业结构调整，优化资源配置和生产力布局，努力做好与京津地区的产业对接，逐步建设一批环京津的卫星城市，力争使冀东经济区成为环渤海地区新的经济增长极。

河北省是国家 13 个粮食主产省之一，为保障粮食安全做出了突出贡献，并被列入

《全国新增 1000 亿斤粮食生产能力规划（2009—2020 年）》[①]。至 2015 年，河北省全省粮食生产能力计划达到 285.5 亿 kg 以上，比现有生产能力增加 12.3 亿 kg 以上；到 2020 年全省粮食生产能力计划达到 300 亿 kg 以上，比现有生产能力增加 26.8 亿 kg 以上。粮食增产任务的完成需要保障农业灌溉用水，快速经济发展需求也将提出新的高保证率用水需求。但是河北省水资源本底条件差，资源承载力低，加之水资源利用方式较粗放，水资源利用效率和效益较低，困扰着河北省社会经济的发展。

1.2 水资源及其开发利用评价

1.2.1 水资源评价

1.2.1.1 水资源数量

依据 2004 年 11 月《河北省水资源评价》成果，采用 1956～2000 年 45 年资料系列分析，河北省全省多年平均降水总量为 998 亿 m³（折 532mm），多年平均水资源总量约为 205 亿 m³，其中地表水资源量为 120 亿 m³，地下水资源量为 123 亿 m³（矿化度≤2g/L），重复量 38 亿 m³（表 1-1）。河北省人均水资源量远低于国际公认的人均 500m³ 极度缺水标准。

表 1-1　河北省行政分区水资源总量成果表

行政分区	面积/km²	水资源量/亿 m³			人均水资源量/m³	
		地表水	地下水	水资源总量	地表水	水资源总量
邯郸	12 047	6.19	11.54	15.53	73	185
邢台	12 456	5.56	10.56	14.61	82	220
石家庄	14 077	9.90	14.76	21.16	105	229
保定	22 112	15.85	21.21	30.28	149	289
衡水	8 815	0.73	5.31	6.81	17	164
沧州	14 056	5.90	6.52	13.45	87	203
廊坊	6 429	2.64	5.02	7.95	75	207
唐山	13 385	14.03	13.50	24.16	204	343
秦皇岛	7 750	13.06	7.36	16.77	475	609
张家口	36 965	11.57	12.74	19.06	272	455
承德	39 601	34.13	14.05	34.91	1 006	1 050
全省	187 693	119.56	122.57	204.69	178	307

---

① 1 斤=0.5kg。

河北省1956~2000年多年平均入境水量为49.8亿m³。其中以漳卫河最大，平均入境量25.8亿m³，占全省的52%；其次为子牙河，平均11.9亿m³，占24%。

河北省1956~2000年平均出境水量58.3亿m³。其中以海河南系平原最大，平均出境水量30.7亿m³，占全省的53%；其次为海河北系，平均22.1亿m³，占38%。

河北省1956~2000年平均入海水量42.7亿m³。其中以滦河最大，平均入海水量28.2亿m³，占全省的66%；其次为海河各入海口，年平均7.30亿m³，占17%。目前入海水量大部分为汛期洪沥水，远不能满足河口冲淤和沿海滩涂的需要。

按照河北省目前水资源开发利用的水平，在有工程措施保证的条件下，全省当地水资源可供水量仅为167亿m³，其中地表水可供水量57亿m³，浅层地下水可开采量99亿m³，在应急情况下深层地下水允许开采量11亿m³。

1.2.1.2 水资源质量

地表水方面，河北省山丘区Ⅰ~Ⅲ类水所占比例为60%~80%，水库的Ⅰ~Ⅲ类水所占比例为70%。平原地区由于点源、面源污染的影响，河流水质普遍很差。石家庄、唐山和张家口地表水资源质量尚好，衡水、沧州及廊坊几乎没有合格的可以利用的地表水资源。2004年进行地表水质监测的7396km有水的河流河段中，Ⅰ~Ⅲ类水质河长3918km，Ⅳ~Ⅴ类水质河长295km，超Ⅴ类水质河长3183km。未受污染的河段主要分布在各河流的上游山区，受污染的河段多在平原区，京津以南平原地区污染最为严重。不同水质类别河长组成见图1-4。

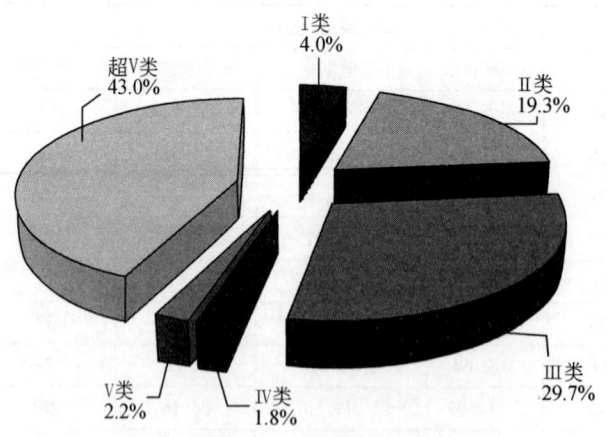

图1-4 2004年不同水质类别河长组成

地下水质量方面，河北省平原区、张家口盆地和张家口坝上的地下水资源总体质量不高，一般山丘区地下水质量尚可。在全省浅层地下水可开采量中，Ⅰ~Ⅲ类水占42%，Ⅳ类水占32%，Ⅴ类水占26%。平原深层地下水主要存在氟超标问题。

1.2.1.3 水资源时空分布

河北省水资源的时间分布极不均衡，汛期6~9月降水量一般占全年的70%~80%，年降水量的极值比一般在3.0~4.0以上,且常出现连续丰水年和连续枯水年。例如,20世纪50年代末与60年代初的连续丰水,80年代以来几次连续枯水。

水资源的空间分布不均。年降水量和径流量空间分布总趋势是由太行山、燕山迎风坡多雨区分别向西北和东南两侧递减。水资源的空间分布和土地资源的分布不相匹配。海河南系平原耕地占河北省全省的55.5%,人口占60.7%,GDP占58.8%,而水资源量仅占29.7%,人均仅189m³,是水资源供需矛盾最为尖锐的地区。

总之,河北省以不足全国1%的水资源产出了全国5.9%的GDP,生产了5.5%的粮食,承载了全国5.3%的人口。河北省水资源及社会经济指标占全国比例见图1-5。

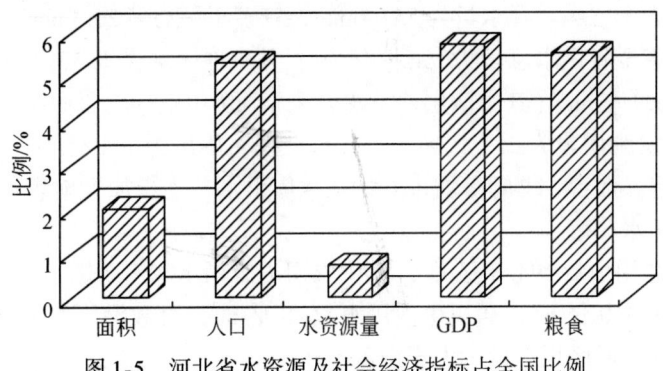

图1-5 河北省水资源及社会经济指标占全国比例

1.2.1.4 水资源演变情势

1) 径流性产水量衰减显著。①地表水。山区20世纪50年代、60年代和70年代径流性产水量平均值比多年平均值(1956~2000年)分别偏多83%、8%、4%,80年代和90年代分别偏少34%、10%;平原区50年代与多年平均值基本持平,60年代和70年代分别偏多44%、20%,80年代和90年代分别偏少41%与22%。这表明近20年来,受人类活动与气候的影响,河北省地表水资源明显减少。②地下水。1980~2000年系列矿化度小于2g/L的地下水资源量为122.57亿m³/a,与1956~1979年系列和1956~1984年系列评价成果相比,总量分别减少23.57亿m³/a和27.05亿m³/a,减少比例为16.2%与18.1%。③水资源总量。由20世纪50年代的273.0亿m³/a,减少到80年代的151.0亿m³/a,减少幅度为45.7%,90年代由于出现了几个丰水年份,水资源总量有所回升,增至190.6亿m³/a,但仍比50年代减少30.1%。

2) 入境、出境及入海水量锐减。河北省入境水量20世纪50年代为99.8亿m³/a,60年代为70.8亿m³/a,70年代降至52.2亿m³/a,衰减幅度分别为29%、26%;到80年代减少为27.8亿m³/a,衰减幅度达47%;90年代入境水量29.9亿m³/a(包括引黄水),与80年代基本持平。出境水量50年代为166亿m³/a,60年代减为95.0亿m³/a,到70年代变为46.2亿m³/a,80年代减为21.2亿m³/a,90年代稍有回升,也只有28.8亿m³/a。

随着入境水量的减少和省内河道外取用水量的增加,河北省入海水量衰减显著,由20世纪50年代的86.4亿m³/a,减少到80年代的11.0亿m³/a,减少幅度达87%,90年代入海水量略有增加,平均年入海水量也仅有24.0亿 m³。

河北省入境、出境及入海水量急剧减少的原因主要是上游来水量减少、当地自产水量减少和省内耗水量的增加。

1.2.2 水资源开发利用评价

1.2.2.1 供用水现状

(1) 现状供用水量

2008年河北省全省平均降水量为557.6mm,较多年平均多25.9mm,属平水年份。

2008年河北省全省供水总量为194.8亿 m³,其中地表水供水37.8亿 m³,占19.4%,地下水开采量156.1亿 m³(其中浅层地下水开采量110.0亿 m³,深层地下水开采量43.8亿 m³,微咸水开发利用量为2.3亿 m³),污水处理回用量为1.1亿 m³。因地下水超采严重,石家庄、保定、邢台、邯郸等城市开始从水库引水,逐步加大地表水使用量。引黄水量主要供沧州、衡水等市。

2008年全省总用水量194.8亿 m³,其中农田灌溉用水124.2亿 m³,工业用水25.2亿 m³,城镇公共用水3.0亿 m³,居民生活用水16.8亿 m³,林牧渔用水12.6亿 m³,空间分布上经济较发达的平原区用水量远大于山区。

(2) 现状用水水平分析

20世纪80年代以来河北省供水量总体呈缓慢增长的趋势,特别是地下水的超采总体上在加剧。地下水年开采量由1980年的137.2亿 m³增加至基准年(2008年)的166.9亿 m³。全省总用水量也呈缓慢增长的趋势。其中,城镇生活用水量一直保持增长的势头,年均增长14%;工业用水量由迅速增加转为稳步增加;农村用水量总体上缓慢增加,受降水的影响,农业灌溉用水量为154亿~174亿 m³。

受水资源条件和节水型社会建设两方面因素的影响,河北省用水定额呈下降趋势。按2000年价格水平计算,工业万元增加值综合用水定额从1980年的836m³降到2008年的32m³,农业综合灌溉定额低于300m³/亩①,单位GDP用水量由1991年的1142m³/万元降为基准年的119m³/万元,低于全国基准年435m³/万元的用水指标。2008年人均用水量为280m³左右,远低于全国平均用水446m³的水平。

1.2.2.2 开发利用存在的问题

(1) 水资源承载能力过低

河北省属资源型缺水地区,人均自产地表径流量178m³,人均水资源总量307m³,人均可利用水资源量仅248m³。一般年份缺水严重地区主要集中于海河南系平原。不仅农村严重缺水,城市缺水问题也日渐凸显。在地表水资源紧缺情况下,以大量、大范围超采地

---

① 1亩≈666.7m²。

下水、挤占农业用水发展工业，以恶化水环境为代价发展经济，造成了一系列的生态环境问题。水资源承载能力过低导致的供需矛盾日趋尖锐，是河北省水资源开发利用中存在的最主要、最急需解决的问题。

(2) 水生态环境承载能力的降低加重了环境恶化

河北省水生态环境承载能力急剧降低，河道内用水和环境用水几乎荡然无存，入海口滩涂淡水奇缺，湿地消失殆尽。地下水超采更是河北省另一个严重的生态环境问题，已造成了含水层疏干、地面沉降、地裂、机井报废、建筑物破坏、咸水入侵、海水倒灌等一系列严重的环境地质灾害。

河北省的主要河流除滦河上游常年有水外，中、下游河道已相继枯竭。河道的干涸使水生生物失去了赖以生存的条件，降低了河流的自净能力，沿海滩涂生态环境恶化，物种几近灭绝，平原大片土地受到荒漠化的威胁，内河航运荡然无存，沿河乡镇经济衰退、生产生活方式被迫改变。水的自然循环系统受到破坏，失去了补给地下水、输沙、排咸等作用，导致平原生态环境进一步恶化。

(3) 地表水超常规利用

河北省地表水资源开发利用程度之高在国内外都十分突出。面积超过 6 万 km² 的中南部平原 20 世纪 80 年代地表水平均利用率高达 94.0%，90 年代平均利用率也达 92% 以上。按照国际公认标准，地表水利用率超过 20%，对生态环境开始有负面影响，超过 40% 会产生严重影响。

(4) 节水、治污任重道远

河北省工业用水单耗和重复利用率与国内外先进节水水平相比仍有一定差距，农业节水尚有潜力可挖，灌溉水利用系数还不高。在南水北调工程实施后，节水、治污和建立节水型社会的任务将成为水利工作的首要任务。

(5) 水资源不足制约经济社会持续发展

20 世纪 70 年代以来，为支撑经济发展，京津以南平原累计超采地下水已逾 1000 亿 m³。即使如此，河北省的经济发展仍不同程度地受到水资源的制约，如缺水造成很多重点工业项目不能按需要批准立项，在增加城乡供水和强化节水、治污以及改善生态环境等方面需额外增加大量投入等。

(6) 水资源管理体系尚不完善

河北省已实现全省水资源统一管理，但由于管理体制刚刚形成，尚不能完全适应水资源可持续利用和市场经济的要求，水资源节约制度尚未建立。一方面是水资源的极度紧缺，另一方面存在水资源的浪费现象。缺乏科学的农业灌溉用水制度，城市节水尚需加大管理力度。

水资源保护机制不健全。尽管明确了水功能区划，但排污总量控制、排污许可制度尚未落实。对水体水污染只有少量监测，监控体系不完善，管理尚属空白。

1.3 区域缺水状况与表象分析

1.3.1 水资源条件分析

根据《河北省水资源评价》成果，河北省多年平均降水量532mm，在我国沿海省份和经济大省中降水量是最少的（图1-6）①。全省多年平均自产地表水资源量为120.4亿m^3，地下水资源量为122.6亿m^3，扣除重复计算量后水资源总量为205亿m^3。现状人均水资源量为307m^3，预测到2030年将降到270m^3左右，远低于国际公认的人均500m^3的"极度缺水标准"，也低于以色列人均水资源占有水平（300m^3）。此外，河北省也是全国少有的没有过境（入境）大江大河的省份，客水资源严重不足，经济社会发展用水不得不基本依靠先天不足的自产水资源。

河北省水资源除总量严重不足以外，时空分布也极不均衡，加大了水资源开发利用和调控的难度。时间上，全省汛期（6~9月）降水量约占全年降水量的80%，主要集中在7月、8月，甚至集中在1~2次大暴雨中，最小四个月（11~2月或12~3月）降水量仅占全年降水量的3%~10%，导致季节性干旱时有发生，其中春旱尤为严重。此外，河北省还是全国降水年际变化幅度最大的地区之一，太行山山前平原是年降水量丰枯变化最剧烈的区域，丰水年降水量甚至是枯水年的8倍，且经常出现连续枯水年份，20世纪80年代以来连续枯水段明显增多。空间上，河北省降水分布存在明显的地带性差异。

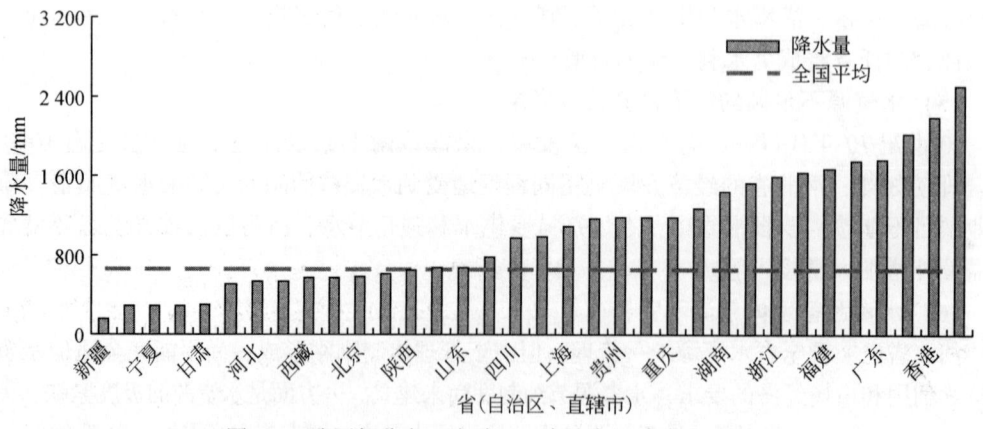

图1-6 我国部分省（自治区、直辖市）降水量对比

受气候变化和下垫面条件演变双重影响，河北省近年来水资源呈明显的衰减趋势，使得先天不足的水资源条件雪上加霜。根据新一轮的水资源评价成果，河北省自产水资源总量由20世纪50年代的年均300亿m^3，减少到80年代的年均151亿m^3，减少幅度达

---

① 相邻的北方东部几个省市降水量分别为：北京市584mm，天津市575mm，辽宁省678mm，山东省679mm。

50%，2000~2007年甚至减少到127亿m³，减少幅度高达58%。1980~2008年28年全省年平均降水量仅比多年平均降水量减少8%，水资源总量比多年平均（1956~2000年）减少了22%。此外，随着上游省份工农业用水量的增加，河北省入境水量呈急剧减少之势，由20世纪50年代的99.8亿m³减少到90年代的29.9亿m³，衰减幅度达70%，2000~2007年平均入境水量仅22.6亿m³，不足50年代的1/4。河北自产水和入境水资源衰减程度在全国是绝无仅有的，进一步加剧了河北省水资源紧缺的态势。

1.3.2 各行业缺水表象

河北省现状人均水资源量约为307m³，是全国人均水资源最少的省级行政区[①]。但河北省同时又是我国传统的农业大省。2007年第一产业产值占全省GDP总量的13.2%，耕地面积8840万亩（其中有效灌溉面积为6807万亩），粮食产量2841万t，占全国粮食总产量的5.7%。为此，全省201.8亿m³总用水量中，农业用水[②]比例达到77%（图1-7），在全国仅次于新疆、宁夏等少数几个西北省区。河北省的人均水资源占有量和农业用水所占比例与世界上最缺水的国家以色列水平大体相当。因此，从水资源占有量和用水结构来看，河北省属于典型的严重资源型缺水地区。

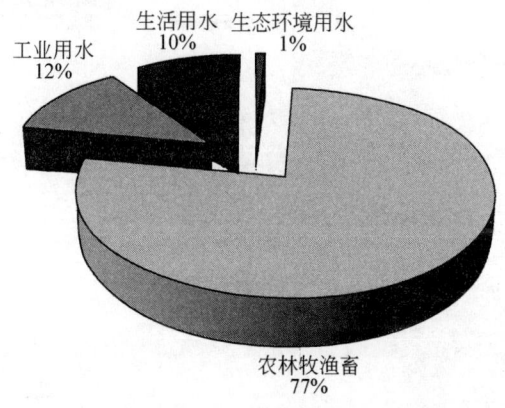

图1-7　2007年河北省用水基本结构

河北省严重缺水问题在许多方面均有明显的表现，按照缺水表象梯度理论[③]，河北省最为严重的是生态环境缺水，突出表现在三方面：一是河湖严重萎缩。全省多数河流除个别丰水年汛期外，常年无水，京津以南平原区17条主要河流1980~2000年年平均河干天数达336天，"有河皆干"是河北平原大范围河道断流的真实描述。全省目前湿地面积仅

---

① 由于人均水资源指标不适合于国土面积太小、人口过于集中地区的水资源评价，因此这里所说的省级行政区不包括北京市、天津市、上海市等直辖市。
② 包括农田灌溉用水和林牧渔畜用水。
③ 所谓缺水梯度理论，即受水资源占有能力的差异，在传统的经济价值体系下，缺水所表现出的"生态>农业>工业>生活"梯度规律。

存有100万亩左右，较20世纪50年代减少了90%以上。"华北明珠"白洋淀自20世纪70年代以来，已有15年干淀，特别是1983~1988年连续6年干涸，出现了"航道行车，淀底打井"的怪状。二是入海水量急剧衰减。河北省入海水量来自滦河和海河南系的子牙河、漳卫河入海河流。历年入海水量的变化显示，自1978年后，海河南系除1996年大水年有26亿 m³ 的入海水量外，其余年份几乎无水入海或仅有少量的污水入海，有"五年不出山，十年不入海"的譬喻。而全省入海水量主要集中在滦河，全部为汛期洪水和涝水，1999年以来的9年间滦河入海水量有7年不足1亿 m³，水量最大的2005年也仅有1.36亿 m³，已远远不能满足河口冲淤和沿海滩涂生态环境的需要。三是地下水超采。河北省是全国地下水超采最严重的省份，目前全省平原浅层地下水年平均超采量达20亿 m³ 左右，超采区面积已达3万 km²，深层地下水超采区年超采量在25亿 m³ 左右，超采面积已达4.5万 km²。全省累计深、浅层地下水累计超采量已超过1400亿 m³，华北平原地下水漏斗连片发展成为"地下水盆地"，是"全球最大的地下水漏斗"。地下水超采的区域分布见图1-8和图1-9。

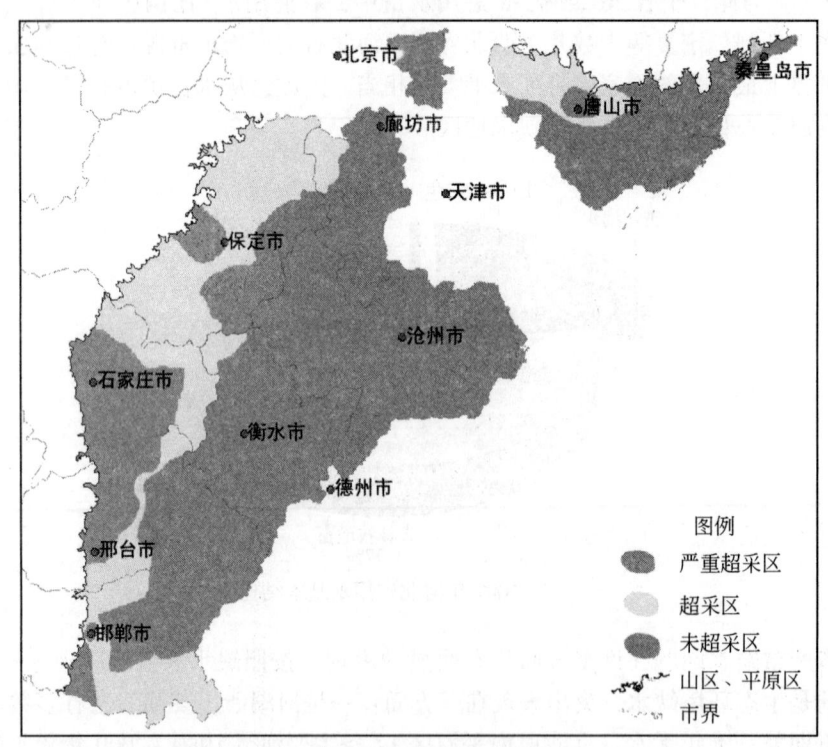

图1-8　河北省浅层地下水超采区分布

河北省农村居民饮水困难和不安全是河北省缺水问题在社会层面的突出反映。据2008年《河北省水资源公报》，2008年河北省全省有54.6万人、8.8万头大牲畜因干旱发生季节性饮水困难，其中19万人需要出村拉水维持生计。据调查，全省2008年农村饮水不安全人口仍有2323万人，占农村总人口的43%，其中水质不达标人口1537万人，水量不达标人口277万人，用水方便程度不达标人口154万人，水源保证率不达标人口355万人。

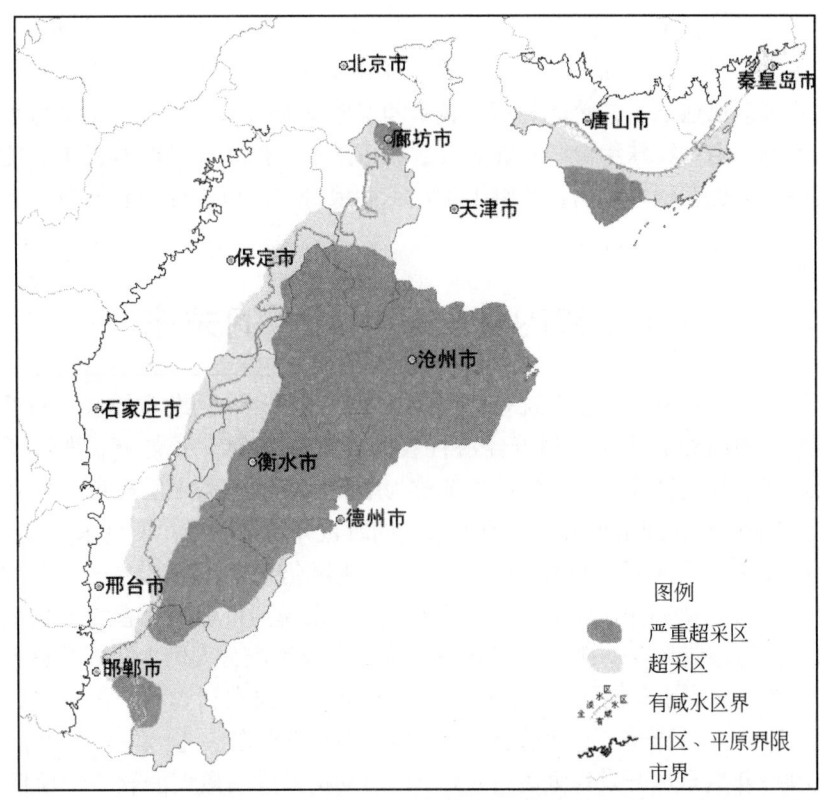

图1-9 河北省深层地下水超采区分布

水质不达标是河北省农村饮水不安全的主要问题，主要分布在平原和坝上高原，其他不安全问题呈零星分布，以山区为主。饮水不安全已经严重影响当地居民的身体健康和生活秩序，甚至成为区域社会不和谐的主要因素。

农业是河北省受缺水问题影响集中的经济产业。在严重缺水条件下，全省农业灌溉保证率大大降低，中低产田比例长期徘徊在60%左右，严重影响了粮食单产水平的提高。另外，缺水也大大降低了灌溉标准。据统计，自20世纪80年代至今，全省农田灌溉年用水量减少了45亿m^3，平均毛灌溉定额由382m^3/亩降至227m^3/亩。这一方面归功于农业节水工程技术的应用和推广，但更主要的是由于许多地区无水可灌。受地表水资源衰减以及城市和工业挤占影响，全省地表水灌区灌溉面积萎缩严重：全省30万亩以上大型灌区有22处，"有效灌溉面积"为1193万亩，但现状实际灌溉面积仅为573万亩，实灌率不足50%。另外，由于地表水短缺和地下水提水成本的增加，许多地区不得不引用大量未经处理的废水、污水用于农业灌溉。据调查估算，近年来全省每年直接引污灌溉利用量约为15亿m^3，长期不合理的污灌造成了农产品质量下降、土壤板结、肥力减小和对地下水的污染。

受严重的水资源短缺形势的局限，缺水之症即便是处于水资源占有能力顶端的城市用水和工业用水也不能幸免。为满足城市不断增长的工业和生活用水要求，部分城市已数次更换水源地。山前平原各市由原来开采市域内地下水，发展为超采市域外地下水，近年来，又花巨资相继建设西部山区水库地表水引水入市工程，并大量挤占农业用水。如石家庄市引岗（黄）入市工程，保定的西大洋引水工程，邯郸的岳城引水和羊角铺引水工程，邢台的朱庄引水工程。中东部平原城市也经历了由历史上引用地表水，转为开发地下水，到目前大量开采深层地下水，转而利用引黄水和实施王大引水工程等。受城市水源单一和来水变化的影响，遇到特殊年份和特殊时段，城市限水、停水现象时有发生。此外，水资源短缺对发展环境也有很大影响，影响了重点工业项目的立项，制约着区域发展战略目标的实现。

1.4 省内外对缺水问题的关注

河北省所处的华北地区历史上就有"十年九旱"的特点，河北省缺水长期以来一直受到省内外甚至是国内外的关注。随着经济社会的发展和气象、水文、下垫面等条件的变化，华北缺水问题日益显现，河北省已逐渐成为华北水资源供需矛盾最集中的地区。自20世纪70年代以来河北省开始超量开采地下水，同时也开始了向京津的供水（调水），这在很大程度上掩盖了缺水矛盾。即使如此，京津冀地区仍很快暴露出水资源紧缺的问题。1980年国务院批准京津冀用水紧急会议纪要指出，"京津两市和河北省均是缺水的城市和地区，对水资源问题应高度重视"，"各地在安排工农业生产、人民生活以及整个经济发展时，都要认真考虑解决水源问题"。80年代后水利部、海河水利委员会的专家、领导也多次提出河北平原"有河皆干、有水皆污"以及"中国缺水在华北，华北缺水在河北"的真知灼见。1990年联合国开发计划署（UNDP）启动援助中国最大的软科学项目"华北水资源管理"，该项目通过揭示以京津冀为重点的华北缺水现实，构建科学的决策支持系统，支撑经济社会的持续发展。1997年UNDP再次援助我国以节水为重点的"中国城市水管理"项目，选择最缺水的河北省省会石家庄市作为唯一的示范城市。为解决河北省黑龙港地区农业缺水问题，国家农业综合开发办公室于1994年支持河北省实施了引黄济冀工程。2000年8月中国工程院在《中国可持续发展水资源战略研究综合报告》中指出："华北地区人口—粮食—水资源不能平衡，是严重缺水地区，除采取高效节水、建立节水型社会外，从长江调一部分水，对缓解农业用水紧张与整个地区缺水是必要的。"进入21世纪后由于以外流域调水为主的开源工程尚未生效，地下水持续超采，水资源危机领域从生态、农业向工业、城市扩展并危及饮水安全。2008年中央电视台播出的《华北部分地区用水堪忧》专题内参片集中报道了河北省邯郸、邢台等地饮用地下水含氟量严重超标和农业灌溉水量短缺、水利设施薄弱等问题，进一步引起了社会各界和省内外的关注。由于河北省地下水超采未能得到有效遏制，深层、浅层地下水已累计超采1400亿 m^3，引发的地质灾害和生态环境破坏已引起国内外的极大关注。2009年意大利政府选择河北省开展了"中意合作地下水管理"项目研究。

第 2 章　缺水研究现状分析

近年来，随着我国水资源供需矛盾日益突出，加上水资源可持续开发利用、管理规划的需求，缺水问题受到更为广泛、深入的关注。对缺水内涵、成因、程度划分、调控途径等的研究成为水资源研究领域的前沿和焦点。

2.1　缺水概念与类型研究

2.1.1　缺水的概念

王礼茂、郎一环（2002）认为资源安全是指经济发展和人民生活所需的自然资源能持续、稳定和以合理的价格得到保障，其核心内容包括 3 个方面：一是充足的数量，二是稳定的供应，三是合理的价格。他们还认为水资源短缺和水污染是影响水资源安全的两方面原因。徐中民、龙爱华（2004）认为水资源管理的最终目的是为了规范人们的生产和生活，"解决水资源稀缺所引起的问题，以达到与水资源稀缺和平共处的目的"，即水资源的提取率低于水资源可持续性状态对应的阈值，也就是说缺水对应于一个水资源不可持续的状态。夏骋翔（2006）提出水资源短缺包括存量短缺与流量短缺两个层面：存量短缺指因为水资源存量因素导致的物种种群下降状况下的水资源存量与物种种群数量不致下降时的水资源存量之间的正缺口；流量短缺指在居民可以接受的价格下，水资源需求量与保证居民一定生活质量且无水资源浪费条件下水资源需求量的正缺口。

实际上，短缺的概念是一个相对状态，具体对于区域水资源短缺来说，它所描述的是一定经济技术条件下，区域可供水资源量和质的时空分布不能满足现实标准下区域内人口、社会经济、生态环境等系统对水资源需求时的状态。

2.1.2　缺水的成因

关于缺水成因的分析，学者们的研究大致将其分为自然原因和人为原因（郭大本，2008）。其中自然原因主要是水资源时空分布不均，而大范围的海-气活动（如"厄尔尼诺"和"拉尼娜"现象）也会引起部分地区的降水减少。另外，气候变迁也会导致资源型的缺水，而全球性的气候变迁也会导致水资源短缺。例如，气候变暖对中国水资源的影响主要表现为：①西部冰川减少；②除松花江上游和黄河上游的径流有所增加外，其他主要流域的径流量都呈减少趋势，全国的各大湖泊从 20 世纪 60 年代到 21 世纪初绝大多数水量入不敷出，平均每年有 20 多个湖泊消失；③湿地面积大大减少。人为原因主要是人口过快增长，导致人均水资源拥有量快速减少，传统的粗放型经济增长方式大量浪费水资源。一方面经济快速发展，另一方面经济增长方式落后，因而大量消耗和浪费了有限的水资源和其他资源，并污染了环境。据统计，20世纪全球人口增长了约3倍，而用水量增长了约6倍。另外，水污染也加剧了水资源短缺。

2.1.3 缺水的类型

关于缺水类型的研究，前人多有论述（王浩等，2006）。研究者长期以来形成了比较统一的意见，即按照区域缺水形成的原因，多将缺水类型划分为资源型缺水、污染型缺水、工程型缺水、管理型缺水和综合型缺水等。

1）资源型缺水。资源型缺水指由于水资源短缺，城市生活、工业、生态与环境等部门的需水量超过当地水资源承受力所造成的缺水。

2）污染型缺水。主要由于水源受到污染使得供水水质低于工业、生活等用水标准而导致的缺水属于水质型缺水。

3）工程型缺水。当地具备一定的水资源条件，但由于缺少水源工程和供水工程，使得供水不能满足需水要求而造成的缺水为工程型缺水。

4）管理型缺水。由于用水管理粗放，水资源利用效率低，浪费严重所导致的缺水称之为管理型缺水，又称之为效率型缺水。

5）综合型缺水。有些城市的缺水是多种因素造成的。由于多种因素综合作用而造成缺水的城市属于混合型缺水城市。这些城市缺水是由资源不足、水质恶化、工程落后或管理措施不力等原因组合而成，单一措施无法从根本上解决水资源短缺问题。

对于上述缺水类型划分，有些专家认为，以上几类缺水不是同一层次的问题，其中资源型缺水是第一层次，工程型、管理型和污染型缺水是在水资源本底不缺乏情况下的第二层次问题。还有相关研究提出，在某些大型和特大型城市，尽管天然水资源条件较好，但由于人口、产业的高度集中和发展，也可以导致缺水问题的产生，因此还可以划分出过载型缺水。

2.2 缺水识别研究

2.2.1 基于资源本底的缺水识别

2.2.1.1 基于降雨的缺水识别

降水是陆面淡水资源的基本来源，降水量的多寡和分布直接影响到水资源的丰度，因此人们很早便以此来判断一个地区的缺水程度。一般情况下，降雨量越少，水资源越紧缺。以年降水量为指标划分干、湿气候区的方法存在一些差异，表2-1中第1类划分认可度较高，我国采用这种划分方式。

表 2-1　基于降水量的气候分区　　　　　　　　　（单位：mm）

分类	干旱区	半干旱区	半湿润区	湿润区
第 1 类划分	<200	200～400	400～800	>800
第 2 类划分	<200	200～450	450～800	>800
第 3 类划分	<250	250～500	500～800	>800

降水量丰枯评价因选择的丰枯指标不同而异，丰枯指标的确定有多种方法，如频率分析法、均值标准差法、Gamma 分布法、模糊聚类法等。有学者采用距平百分比法来划分丰枯类型（毛慧慧等，2009），所采用计算公式为

$$\eta_{DP} = (P_i - \bar{P})/\bar{P} \times 100\% \tag{2-1}$$

式中，η_{DP} 为距平百分比；P_i 为某年水资源特征量；$\bar{P}$ 为水资源特征量的多年平均值。

根据《水文情报预报规范》（SL 250—2000），具体的丰枯类型划分采用：平水年 $-10\% \leq \eta_{DP} \leq 10\%$，枯水年 $\eta_{DP} < -10\%$，丰水年 $\eta_{DP} > 10\%$。

降水量是表征资源丰度最主要的一个指标，该指标能够反映区域的资源本底和坡面生态供水状况，却并未考虑经济社会需求状况和水资源开发利用条件，因此不能算作一个严格意义上的缺水表征指标。

2.2.1.2　基于干旱指数的缺水识别

考虑区域供水和自然消耗的状况，林盛吉等（2011）采用干旱指数（γ）来表征区域干旱和缺水状况。γ 是气象学中用来反映气候干湿程度及用作气候分区的指标，以年蒸发量 E_0（通常用水面蒸发量代替）和年降水量 P 的比值来表示。$\gamma > 1.0$，说明年蒸发量大于年降水量，表明该地区的气候偏干旱，γ 值越大，干旱程度就越严重，也就越缺水；$\gamma < 1.0$，说明年蒸发量小于年降水量，表明该地区气候偏湿润，γ 值越小，气候越湿润。因此，干旱指数的地区分布和降水量、径流深及分带有着密切的关系（表 2-2）。

在实际分析中，蒸发量与降水量的比值所计算出来的干旱指数因子简单，识别能力弱，一般结合研究区特征加入相关气象要素，定义不同的干旱指数来表征区域的干旱化程度。

表 2-2　干旱指数、年降水量、径流深及径流分带对照

降水分带	年降水量/mm	干旱指数（γ）	径流深/mm	径流分带
十分湿润带	>1600	0.5	>1000	丰水带
湿润带	800～1600	0.5～1.0	300～1000	多水带
半湿润带	400～800	1.0～3.0	50～300	过渡带
半干旱带	200～400	3.0～7.0	10～50	少水带
干旱带	<200	>7.0	<10	干涸带

2.2.1.3 基于地表蒸散发的缺水识别

除考虑以降水为基本供给源的水资源条件外，一些专家还从能量平衡观点出发，应用蒸散发表征地表缺水状况和陆面干旱化程度，常用实际蒸散和潜在蒸散的比值来表征陆面水分供给状况，称为地表缺水压力系数（surface indication of water stress，SIWS）。有学者从空气湿度方面考虑冠层温度变化，提出了作物水分胁迫指数（crop water stress index，CWSI）的经验模式和理论模式（Idso et al.，1981）。CWSI 是现今应用比较广泛的一种作物缺水指标。Kogan 等（2003）从植被状况表征缺水角度出发，在分析了多年 NOAA/AVHRR 数据的基础上，提出了植被条件指数（vegetation condition index，VCI）。国内学者根据 VCI 结合降水数据对我国 1991 年的干旱情况进行了检测，提出了全局植被湿度指数（global vegetation moisture index，GVMI）。

综上，基于资源本底的缺水识别实际上是对干旱化程度的判断，这对于识别除降水外无其他补充水源的需水主体是有效的，如坡面生态和雨养农业，但对于灌溉农业、工业和生活缺水的判断是不适合的。

2.2.2 考虑社会因素的缺水识别

2.2.2.1 利用人均水资源量划分

将人均径流性水资源量作为判断一个国家或地区水资源供需关系紧张与否的指标，是瑞典水文学家 Falkenmark 在 1992 年提出的。她从每 1000m³ 水是生长 1t 生物量的最低要求出发，按每 100 万 m³ 的淡水资源量供 100 人、600 人、1000 人和 2000 人的比例折合为每人每年占有 10 000m³、1670m³、1000m³ 和 500m³ 的淡水资源量，把水资源供需态势划分为 5 种基本情况（表 2-3）。

表 2-3　Falkenmark 的水资源紧缺指标划分

人均水资源量/m³	紧缺度	表现主要问题
>10 000	不缺水	用水完全不紧张
1 670~10 000	轻度缺水	局部地区、个别时段出现缺水问题
1 000~1 670	中度缺水	将出现周期性和规律性用水紧张
500~1 000	重度缺水	将经受持续性缺水，经济发展遭受损失，人体健康受影响
<500	极度缺水	将经受极其严重的缺水，需要调水

Falkenmark 提出的指标物理概念清晰，且计算简单、易于操作，因此被许多机构在统计中采用，在我国亦被普遍采用。但该指标也存在一些问题：一是没有考虑全口径的水资源量，如有效降水对于农业和坡面生态的作用，没有考虑入境水和调入水；二是主要考虑水资源的供给方面，而没有考虑水资源需求的差别化问题；三是没有考虑"虚拟水"贸易对于缺水环节的作用；四是没有考虑水资源的时空分布和开发利用的难易程度。为此，陈家琦和钱正英（2003）指出："使用人均资源量作为水紧张界限值时要考虑在建立这些界限值时

所采用的背景基础和使用条件（干旱的热带或亚热带、基本上自给自足的经济和中等适宜的生活水平），不能盲目套用这个指标作为衡量一个国家或地区的水紧张情况的根据。"

有学者结合浙江省水资源的特点与用水效率的实际情况，给出了浙江省水资源紧缺指标的建议值：杭州、衢州、丽水地区人均水资源占有量大于2000m³/a，为丰水区；金华和温州地区人均水资源占有量为1700~2000m³/a，为一般区；湖州、绍兴、台州、宁波地区人均水资源占有量为1000~1700m³/a，为用水紧张区；嘉兴和舟山地区人均水资源占有量为500~1000m³/a，为缺水区（周鑫根，2005）。浙江省内不存在人均水资源占有量小于500m³/a的严重缺水区。按照联合国规定的水资源丰水线（3000m³/人）和警戒线（1700m³/人）的标准计算，浙江省水资源承载力在丰水年和平水年基本能满足人口发展的需求，但在枯水年人口发展需求已经超出了水资源承载的能力。

2.2.2.2 引入社会化因子进行评价

2002年，英国生态与水文研究中心（Center for Ecology and Hydrology，CEH）的研究人员Sullivan等提出水贫乏指数（water poverty index，WPI）的概念。该指标具体包括5个要素：潜在水资源状况（resources）、供水设施状况（access）、利用能力（capacity）、使用效率（use）和环境状况（environment）（表2-4）。

表2-4 不同尺度上WPI各组成要素所采用的变量

组成要素	不同尺度采用的变量		
	社会尺度	区域尺度	国家尺度
潜在水资源状况	人均水资源可利用量，水资源可变性或可靠性等	人均水资源可利用量，水资源可变性或可靠性等	人均国内水资源量，人均境外入流量等
供水设施状况	用自来水的家庭比例，社区发生用水纠纷的数目，具有卫生设施的人口比例，家庭中妇女运载的水量比例，运水的时间，据气候特征调整后的灌溉普及状况等	可获得洁净水源的家庭比例（公司私人供水管道），具有卫生设施的人口比例，据气候特征调整后的灌溉普及状况等	能获得洁净水的人口比例，具有卫生设施的人口比例，相对于国内人均水资源量的耕地灌溉率
利用能力	家庭财政状况，5岁以下儿童死亡率，人口教育程度，用水户协会的成员数，患与水相关疾病的家庭数，有社会财政或福利保证的家庭数	低于特定收入水平的家庭比例，5岁以下儿童死亡率，人口教育程度，人均行业投资等	人均GDP，人均水行业投资，5岁以下儿童死亡率，人口教育程度及收入均衡性（基尼系数）
使用效率	家庭生活用水，农业用水（耕地灌溉率），家畜用水，工业用水等	人均生活用水（城镇和农村），农业用水及工业用水等	人均生活用水，农业用水及工业用水等
环境状况	人们对自然资源的使用状况，近5年的粮食损失状况，受土壤侵蚀之害的家庭比例	水质，水环境压力（污染状况），生物多样性，土壤退化指标等	国家环境可持续指标（ESI）中水质、水环境压力、生物多样性、环境调节和信息管理能力

WPI 用跨学科的观点综合评价水的稀缺性，把水资源可用性的物理评价与社会经济评价联系起来，从而成为缺水识别和水资源综合管理（IWM）的一项重要指标。但由于该指标物理意义复杂，对基础数据要求高，同时在不同尺度上的变量采用方法及权重赋予方式上的研究还不完善，计算结果与评价单元及变量选取有很大关系，使得该指标和方法的应用受到一定程度的限制（Sullivan，2002；Mlote and Sullivan，2003；Lawrence et al.，2002；邵薇薇和杨大文，2007）。

国内有学者以人均水资源量、单位面积水资源量、人均供水量和单位 GDP 占有水资源量为指标，构建了缺水的综合评价指标及计算方法：

$$H = aX_1 + bX_2 + cX_3 + dX_4 \qquad (2-2)$$

式中，X_1、X_2、X_3、X_4 分别为人均水资源量、单位面积土地水资源占有量、人均供水量和万元 GDP 水资源量归一化值；a、b、c、d 为各要素的权重（王晓青，2001）。

根据该计算方法，研究人员计算了全国各省、自治区、直辖市（不包括香港、澳门、台湾）的水资源综合指数，并将全国各省、自治区、直辖市划分为水资源丰富区（$H>0.2$）、脆弱区（$0.15<H<0.2$）、缺水区（$0.08<H<0.15$）和严重缺水区（$H<0.08$）4 个等级。该指标反映了多因素综合影响下的水资源供求关系，比较客观地反映了一个地区的水资源短缺状况。但该研究采用的水资源量数据均为当地水资源量，没有把过境水量考虑在内，据此计算出来的沿江、河的相关地区水资源综合指数偏低，可能夸大了部分地区的缺水程度。陈亮（2009）也采用该缺水综合评价指标，用层次分析法确定了各要素权重，并采用各地区人均水资源量、单位面积土地水资源占有量和人均供水量与省均值的差值作为分类的依据，以单项指标的负值划分人口过载型缺水、资源缺乏型缺水和工程不足型缺水 3 种基本类型。凡有 2 项指标为负值的地区为过渡型缺水，3 项指标均低于浙江省均值的为复合型缺水，3 项指标均高于省均值的为相对富水区。

英国学者（Appelegern and Ohlsson，1998）提出以社会化水资源短缺指数来界定一个区域的缺水程度，即在缺水识别过程中不仅考虑区域资源本底条件，同时还考虑资源利用的社会能力和社会对于缺水的适应与调整能力。他们引入了"人文发展指数"（HDI），该指数为 3 项基础指标组成的综合整数：①人均预期寿命，代表福利和发展状况；②教育水平，包括成人（15 岁及其以上人口）识字率和综合入学率，代表制度能力；③人均真实 GDP，代表真实的经济增长状况（Ohlsson，2000）。国内一些学者在此基础上有所发展，构建了水文水资源稀缺指数和社会化水资源稀缺指数，并对我国分省份的缺水程度进行了评价和比较（徐中民和龙爱华，2004）。

还有学者在采用模糊模式分析邯郸市缺水类型分析时，提出了缺水类型指标评价表（表 2-5），评价指标包括人均水资源量、水资源利用率、人均供水量、河流水质和水资源管理（张鹏飞等，2009）。

曾国熙和裴源生（2009）在研究流域水资源短缺风险调控模型时提出农业缺水和工业缺水经济损失计算方法。其中，农业缺水经济损失为满足作物需水时的产量与实际灌水情况下的产量之间的差值，即减产量；工业缺水经济损失根据工业供水的缺水量和万元产值取水量求得。

表 2-5 缺水类型指标评价表

序号	评价指标名称	资源型	工程型	水质型	效率型
1	人均水资源量/[m³/(人·a)]	≤1500	>1500	>1500	>1500
2	水资源利用率/%	≥40	≤20	20~40	20~40
3	人均供水量/[m³/(人·a)]	≤500	≤500	>500	>500
4	河流水质	中	中	差	中
5	水资源管理	良	良	中	差

岳书平等（2008）在进行山东省缺水类型定量评价研究时，确定了缺水类型定量评价指标体系（表2-6）。

表 2-6 缺水类型定量评价指标体系

评价因子	指标名称	评价因子	指标名称
发展型缺水	人均水资源量	水质型缺水	万元工业产值废水排放量
	地均水资源量		污径比
	实际供水量/年降水量		生活污水处理率
	缺水率（缺水量/水资源总量）		工业废水排放达标率
	径流系数		耕地农药施用量
	地下水超采量/多年平均地下水量		耕地化肥施用量
工程型缺水	水资源开发强度指数	管理型缺水	万元工业产值取水量
	人均农村生活供水量/标准需水量		单位水资源粮食产量
	自来水人均日生活用水量		农业节水效率
	有效灌溉面积/耕地总面积		工业用水弹性指数
	城市自来水普及率		工业用水重复利用率
	水面年蒸发量/水库蓄水量		城市污染处理率
			生活用水水价
			经济用水水价

2.2.3 基于供需平衡的缺水识别

2.2.3.1 需求缺口计算

水资源供需平衡法是最为常见的缺水识别方法，目前在我国被广泛应用，常常采用缺水率（η）来表征缺水的程度，需水量的计算通常采用定额方法计算。国内有关学者按照缺水率的高低确定了4级评价指标（表2-7），用于衡量城市的缺水程度（赵勇等，2006）。基于供需平衡的缺水识别方法具有明确的物理意义，但必须建立在需水计算的基础上。

表 2-7 缺水程度评价标准

缺水率	缺水程度	缺水表象
<5%	基本不缺水	工业、生活、生态与环境各部门需水能够得到满足或基本得到满足，但某些城市在个别时期（如用水高峰时间）可能发生暂时供水短缺，采取适当措施即可解决
5%~10%	轻度缺水	正常年份基本可达到供需平衡，但在设计水平年份会发生供水短缺现象，生产、生活受到一定影响
10%~20%	中度缺水	设计水平年份供水不足，在正常年份供需也不能达到平衡，生产、生活会受到很大影响，一般的解决方案已不足以弥补供需缺口，甚至要采取非常规方式才能彻底解决问题
>20%	重度缺水	生产、生活受到供水短缺的严重影响，而且一般当地开源节流已不能解决根本问题，新的解决方案、措施需要有极大的投入

张书滨等（2009）在研究江西省农业旱情预测模型时提出了缺水度模型，适用于灌溉水田、水浇地、菜地及望天田。他们定义"用水紧张程度"即综合缺水程度为

$$WI = 1 - a \times WS/WD \tag{2-3}$$

式中，WI 表示综合缺水程度；a 表示水资源的综合利用效率；WS 表示研究区域水资源的供给量；WD 表示研究区域水资源的需求量（表 2-8）。

表 2-8 农业干旱等级标准

旱情等级	不旱	轻度干旱	中度干旱	严重干旱	特大干旱
综合缺水程度	WI≤0	0<WI≤0.1	0.1<WI≤0.2	0.2<WI≤0.4	WI>0.4

Bragalli 等（2001）根据城市地区与水资源相关的部门和组成，提出了与供需平衡相关的缺水表征和概念（表 2-9）。其随后提出了缺水的表征，如图 2-1 所示。

表 2-9 与城市缺水相关的部门和组成

部门	组成	代号
水文情况	水资源特征	WRF
	气象、气候状况	MS
供水情况	水资源	WR
	供水基础设施	WSI
需水情况	供水需求	WSD
	水分损失	WL
区域构架	用户脆弱性	UV

2.2.3.2 水资源开发利用程度

基于供需平衡缺水识别的另外一种方法是从供给端计算的，最为常见的指标是水资源开

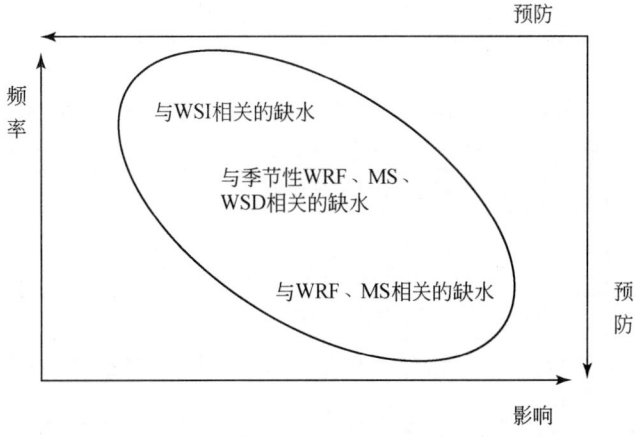

图 2-1 缺水示意图

发利用程度（water use intensity）。其具体定义为年取用的淡水资源量占可获得（可更新）淡水资源总量的比例。联合国粮食及农业组织，联合国教育、科学及文化组织，联合国可持续发展委员会等很多机构都选用这一指标反映水资源稀缺程度。该指标的阈值或标准根据经验确定：当水资源开发利用程度小于10%时为低水资源压力（low water stress）；当水资源开发利用程度大于10%、小于20%时为中低水资源压力（moderate water stress）；当水资源开发利用程度大于20%、小于40%时为中高水资源压力（medium-high water stress）；当水资源开发利用程度大于40%时为高水资源压力（high water stress）。

2.2.3.3 生态环境需水与缺水

马乐宽等（2008a，2008b）在研究流域生态环境需水与缺水快速评估时，构建了一个生态环境需水特征指标（eco-environment water requirement indicator，EWRI）。EWRI 由各类环境变量来决定，主要包括气候、土壤、地形等生态因子。生态环境缺水是生态环境需水与生态环境用水的差额。采用生态环境需水特征指标的预测值 $EWRI_e$ 代表评估单元的需水，而该单元生态环境需水特征指标的实际值 $EWRI_o$ 相当于其用水。评估单元生态环境缺水度指标 EWDI 的计算如下：

$$EWDI = 1 - EWRI_o/EWRI_e \tag{2-4}$$

EWDI 可作为生态环境缺水严重程度的评估依据：EWDI 越接近 0，说明生态环境需水实际值与预测值越符合，在参照标准下生态环境缺水越轻微；而 EWDI 越大则说明与参照单元相比生态环境缺水越严重。

2.2.3.4 城市水资源综合风险评价

谢翠娜等（2008）在研究城市水资源综合风险评价指标体系时提出一级指标、二级指标、三级指标（表2-10）。城市水资源综合风险评价中也涉及与缺水相关的评价，但是研究内容更为广泛。

表 2-10 城市水资源综合风险评价指标体系

一级指标	二级指标	三级指标
危险性	水量	人均水资源占有量、年降水量、年蒸发量、年降水变差系数、地表水资源变差系数、径流深、地下水资源量、河网密度
	水质	污染水面率、污径比、饮水质量程度、水环境容量
	地形	坡度、高度
暴露性	工业	单位GDP取水量、工业企业个数、工业产值模数
	生活	城市用水人口、城市人均生活用水量
	生态	植被覆盖率、植被多样性程度、湿地调蓄能力变化率、人均生态面积、生态需水满足程度
脆弱性	人口	人口密度、人口总量
	城市发展	建成区面积、建成区密度
	经济	第一产业GDP总值、第二产业GDP总值、第三产业GDP总值
	生命线工程	交通网密度、通信设施普及率、供水管道长度、供水网密度
防灾减灾能力	工程技术	水资源利用率、生活污水处理率、工业废水处理率、废水回用率、蓄洪泄洪能力
	教育	防灾减灾知识普及率、防灾减灾意识普及率
	政策法规	工业用水定额、生活用水定额、生态用水定额、污水排放水标准、水费收取标准
	预测监控	水质监测能力、灾前预警能力
	经济	资金投入总值、医疗设施程度、备灾物资总量

2.3 河北省应对缺水工作基础

河北省水资源严重不足，人均、亩均水资源占有量是全国最少的省份之一，缺水问题从20世纪60~70年代就开始显现，到80年代变得十分突出，表现为随着河道外取用水量的增长，河川径流大幅度衰减，河湖湿地面积快速萎缩，入海水量急剧减少，地下水大量超采，地下水位持续下降。许多城市和工业用水转向地表水源，农业灌溉更加依赖地下水，大量浅井干涸报废，引起农业灌溉用水保证率下降及水质恶化、地面沉降、海水倒灌等环境问题。因此，河北省早在20世纪80年代就开始了结合旱涝碱咸综合治理的用水研究工作，以38项成果为主要体现。20世纪90年代河北省缺水和水资源管理的问题引起了国家重视，在UNDP和国家"八五"科技攻关项目中，设立了"基于宏观经济的华北地区水资源合理配置研究"。结合华北水资源管理研究，河北省进行了"河北省宏观经济水规划群决策研究"。进入21世纪后结合南水北调规划与建设和全国水资源综合规划，河北省开展了一系列规划研究工作，包括调水、节水、地表水与地下水开发利用与保护等，为本研究奠定了坚实的基础。

在农业节水调查、实验和研究方面，河北省一直走在全国前列。河北省水利科学研究院和灌溉试验站自20世纪70年代以来，在节水灌溉、咸水利用、旱涝碱综合治理等方面开展的试验研究卓有成效，曾获十余项省部级科技进步奖。河北省水利厅农村水利处等部门主持的"河北省农业节水综合技术研究"成果达到国内领先水平，在1999年荣获国家科技进步奖三等奖。

2001年中国科学院在"区域水资源承载能力的研究进展及其理论探析"中指出，"水资源开发利用的过程实际是一个'水资源量–取水量–利用量–合理利用量'的过程，提高区域水资源承载能力的途径和措施就是加大节点的内涵和减少流程中的损失。其中，加大节点内涵的内容包括增加水资源量、增加取水量、增加利用量在取水量中的比例和合理利用水资源，使合理利用量的比率增大，减少流程中的损失"，非常精辟地表述了开源、节流并举的重要性。2000年清华大学等单位的"海河流域水资源规划支持系统与可持续利用战略研究"的基本结论是：海河流域要开源、节流并举，在强化节水条件下，必须积极实施南水北调，南水北调客观经济效益为长时期GDP总量的22%左右。2002年河北省水利科学研究院在"河北省水资源与国民经济协调发展研究"中总结了河北省经济发展与水资源的关系，首次运用"水资源生产函数"等方法定量分析了水的贡献率大约为22.6%，并且分别探讨了节水与开源对经济发展的贡献，从理论上肯定了积极开源的重要性。此外，河北省水利部门还对节水与调水在资源效应和经济方面进行了详细的分析对比。

2002年河北省水利科学研究院在"河北省河道生态环境需水量分析计算"中针对河北省的具体情况定义了环境需水量和生态需水量，定量提出在2010水平年削减一定数量入河污染物条件下海河南系生态环境需水量为30.68亿m^3。该研究院还在"河北省水资源与国民经济协调发展研究"中将解决饮水安全列为重要的决策内容，在各市、县详细调查农村饮水问题的基础上，进行了以饮用高氟水为主的"水质不良带来的风险分析"，定量预测了风险损失，并将其纳入全省"总体缺水风险分析"之中。

河北省谋划引入黄河水由来已久。20世纪50年代初期国家实施了"引黄济卫"工程，80年代计划实施"引黄入淀"工程，海河水利委员会主持规划了"三口两线"工程方案。但由于种种原因工程仅限于规划层面，1989年停止了前期工作。为缓解河北省严重缺水问题，1992年国家农业综合开发办公室投资实施了临时性的"引黄入冀"工程，为维系白洋淀脆弱的生态，保持不干淀，2006年以来利用引黄入冀工程三次实施了引黄补淀应急调水。国家不久前调整了黄河分水指标，河北省（及天津市）仍保有18.44亿m^3的黄河水量指标。鉴于河北省海河南系平原严重缺水，河北省邯郸、沧州等市通过与邻省协商，规划了扩大引黄的线路，为河北省扩大并正常利用黄河水创造了条件。

第 3 章　缺水识别基础理论与技术方法研究

3.1　缺水识别基础理论研究

3.1.1　缺水的内涵分析

对水资源短缺的质的界定与量的确定，受到许多学者的关注。事实上，缺水是用水需求未能得到有效满足的一种状态，具体指一定经济技术条件下，区域供水的质和量不能满足相对用水需求的现象。基于这一初步的认知和定义，缺水包括5方面的内涵。

3.1.1.1　缺水是一个差值的概念

缺水是一个差值，即用水需求和水资源实际供给之间的差值，因此缺水是相对特定的需求对象和客观供给而言的。人均水资源量等指标虽然包含了一定的经济社会的需求信息，但难以全面刻画需求和供给之间的关系，因此难以系统地表征区域缺水状况。另外，由于缺水是一个相对的概念，因此用水需求的标准在缺水判别过程中就显得十分重要，如在海河流域农业需水的标准就应当考虑本底的水资源条件，采取经济需水定额标准。

3.1.1.2　缺水是一个广义的概念

由于供水系统组成和用水主体是一个多元化系统，因此缺水是广义需水和广义供水的概念。其中，需水主体包括社会经济系统和生态环境系统，需水类型包括生活用水需求、生产用水需求、生态用水需求和环境用水需求等；供水组成则包括狭义的径流性供水和广义的有效降水，还包括一次性供水和循环利用供水等。此外，由于水资源利用过程中存在着多元充补的关系以及竞争和分配的关系，因此缺水识别必须从系统的角度出发，综合判断和计算区域缺水量。

3.1.1.3　缺水包括水量和水质两方面内容

由于水资源包含水量和水质两方面，因此缺水的内涵也包括水量和水质两方面，即缺水既包括水量不能满足用水主体的需求，也包含水质未能达到用水需求的标准，一些地方称之为水质型缺水。例如在海河流域常直接引用未经处理或是处理未能达标的污水进行农业灌溉，尽管作物的需水量得到满足，但污水灌溉会导致农产品的质量下降，影响人的身体健康，同样也会造成损失。基于这一内涵，若供水水质未达标，进行缺水计算时应将其纳入其中。

3.1.1.4 缺水具有多元化成因

导致缺水的原因是多样的，不仅包括自然水资源丰度较低造成的缺水，即资源型缺水，也包括需水模数过大引起的缺水，即过载型缺水。同时还会因为缺乏必要的水利工程和设施，造成供水能力不足以满足用水需求的缺水现象，即工程型缺水或设施型缺水。此外，管理不善导致的水资源利用不够充分或不经济以及供水系统中的漏损等，而人为增加了用水的需求量并引发水资源短缺问题的现象，属于效率型或管理型缺水。以上各类原因可能同时并存，即综合型或复合型缺水。

3.1.1.5 缺水常常是一种经济现象的体现

需要特别指出的是，缺水常常表现为一种经济现象，即缺水总是在缺水损失小于进一步供水边际效益及开源和节水边际成本时才会发生。如对于滨海地区，海水可以看作稳定的供水源，当遇到常态缺水时，工业由于其单方水产出的边际效益较高，会采取海水淡化来解决缺水问题，而农业生产由于其生产的效益较低，当其面临枯水年缺水时，往往宁可承受缺水损失而不会采取成本较高的应对措施。

3.1.2 区域缺水的主客体分析

依据前文对于区域缺水状态内涵的认知，缺水识别范围应当从单一的水资源主体或受体状态描述、成因区分拓展到系统主客体两方面同时考察。

人类历史是一部开发利用水资源的历史，从最早的逐水而居到如今的资源水利和水资源的可持续利用等理性思索的过程可以看出，水资源系统的外延不断被拓宽，内涵也不断被丰富。发展到今天，人们对水资源开发利用的范围已由最初单一的地表水系统拓宽到地下水、土壤水、大气水、海水、再生水、劣质水（包括微咸水和咸水等）等多个水源，供水水源系统主体多元化特征日益突出。

水资源系统承载的客体随着社会的发展而改变，在无人类活动干扰作用下，天然水资源系统在其循环过程中滋养了丰富多样的天然生态系统。天然生态系统在包括水循环在内的自然驱动力作用下，不断实现生物群落与自然环境的动态平衡，最终达到一个符合区域水文情况的自维持状态，其中地带性植被主要依靠降雨中不形成径流的水资源来维持，而非地带性植被的维持除需要当地降水以外还需要径流等的支撑。自人类社会行为作用于水资源系统开始，水资源系统承载的客体的纯自然属性便开始发生改变，水循环系统的社会驱动力持续加大，农业和工业经济系统的需水量和取水量不断上升，水资源系统承载的客体逐渐演绎成生态环境系统和社会经济系统，水资源系统的社会经济服务功能得到充分体现。由于水资源系统承载客体的多元化，水资源利用过程中就存在着竞争与分配的问题。竞争激化，水资源系统承载客体用水需求大于供水主体的供水能力时，则出现水资源短缺。

区域缺水主体与区域供水主体存在差别。区域社会经济供水主体是指以各种形式供公众生活的全部水量，包括5个部分：①本区域内通过供水工程提供的新增水资源量与通常所说的工程供水量概念一致；②本区域农作物直接利用的天然降雨量，即有效降雨量；③通过产品进出口所导致的虚拟水量（产品进口则为正值，产品出口则为负值）；④达标污水、再生水、海水、雨水等非常规水源的利用量；⑤社会经济对生态用水的挤占量。而全口径区域缺水主体则仅指新水资源的短缺量和社会经济对生态用水的挤占量两部分。

区域缺水的客体是指在水资源利用过程中存在激烈竞争的社会经济系统与生态环境系统，其中社会经济系统包括城市生活系统、农村生活系统、农业生产系统、工业和第三产业系统、人工生态系统等。

3.1.3 竞争条件下的缺水梯度现象

水资源系统承载客体包括生态环境系统和社会经济系统，而后者又分为生活用水系统以及农业、工业等生产性用水系统。如前所述，随着水资源利用量的不断增加，水资源系统承载客体的多元化导致水资源利用过程逐渐出现竞争与分配的问题。当水资源系统承载客体的用水需求超过水资源系统承载力时，客体的部分用水需求将不能完全得到满足，即呈现缺水状态。由于水资源系统承载客体的缺水承受能力、取用水代言人势力强弱等存在较大差别，因此竞争条件下，各客体缺水状态在横、纵两方向均呈梯度分布（图3-1）。

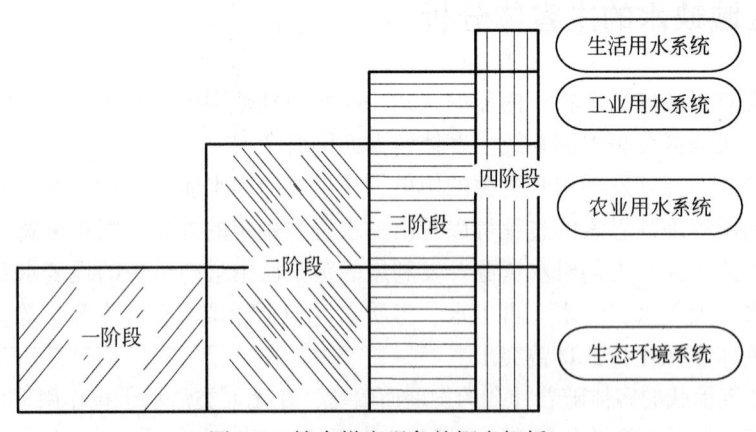

图3-1 缺水梯度现象的概念解析

纵向梯度分布表现了水资源系统承载的各客体在用水竞争中的势力强弱，即呈现缺水状态的先后顺序。生态环境系统因其缺水所导致的后果在短期内体现不明显以及同时长期缺乏代言人，因此在纵向梯度上处于缺水客体的最底层，即最易呈现缺水状态。社会经济用水系统中，同属于生产性用水的农业用水系统和工业用水系统等，由于可量化的经济效益的明显差异，导致农业用水系统处于劣势位置，成为第二个易呈现缺水状态的缺水客体。生活系统用水由于其保障人们正常生存的特殊性处于纵向梯度的最顶层，属于最先保证的用水类型。

横向梯度分布表明在不同水资源供需矛盾，即不同缺水程度下，各缺水客体所处状态、供需矛盾越尖锐、缺水程度越深，缺水客体越丰富。第一阶段，客体用水需求略大于水资源系统承载能力，用水竞争仅存在于生态环境系统和经济社会系统之间，处于弱势的生态环境系统用水不能得到全部满足；第二阶段，客体用水需求大幅增加，在大量挤占生态环境系统用水仍不能满足全部社会经济用水需求的情况下，经济系统中处于弱势的农业用水系统最先处于缺水状态，生态系统缺水程度较第一阶段进一步加大；第三阶段，社会经济用水系统用水需求量激增，生态环境系统用水、农业系统用水得不到满足，导致处于竞争优势的工业用水系统也少量缺水；第四阶段，在水资源系统承载客体的用水需求严重超出水资源系统承载力时，生态环境系统因缺水而被严重破坏，社会经济系统中用水保证率需求最高的生活用水系统因水量不足或因水体质量差也存在缺水现象，此阶段全部客体均处于水资源短缺状态。

3.1.4　缺水的类型划分

缺水的类型可以按照不同口径来划分，一是从缺水的表象上划分，二是从缺水的成因上划分，当前研究主要集中于后者。

3.1.4.1　基于表象的缺水类型划分

从表现上来看，区域缺水可以分为三种类型的缺水，分别为转嫁性缺水、约束性缺水、破坏性缺水，这三种类型往往具有一定的承接关系。

（1）转嫁性缺水

转嫁性缺水是指处于用水竞争性上级的用水户将自身的缺水利用其"社会势"或"经济势"的优势转嫁给下一层用户的现象。最常见的转嫁性缺水表现为城市占用传统的农业水源或是挤占河道内基本生态用水以及超采地下水。转嫁性缺水是一种隐性缺水，处于用水竞争性高端的用户往往难以感受到缺水的压力，这也说明区域缺水必须采取全口径识别的方法。

（2）约束性缺水

约束性缺水是指某一用户发展的用水需求增量不能得到满足的现象，突出表现为区域新增工业项目不能上马、中低产田改造缺乏水源、城市化缺乏新水源保障等。目前在我国北方的许多地区约束性缺水表现得十分明显，如黄河中上游能源重化工基地显著受到约束性缺水的制约，必须通过水权转换来予以化解。

（3）破坏性缺水

破坏性缺水是指当前用户实现其特定的社会经济和生态环境服务功能必需的存量遭到破坏的现象。这种现象在华北地区表现也非常突出，包括饮水不安全、农业经济灌溉水量不足、城市供水限水停水、基本生态用水不能保障等。

3.1.4.2　基于成因的缺水类型划分

从成因上来看，区域缺水可以分为五种类型的缺水：资源型缺水、工程型/经济型缺水、结构型/效率型缺水、污染型/水质型缺水以及综合型/混合型缺水。

(1) 资源型缺水

资源型缺水是指区域水资源占有水平过低所导致的缺水。目前对于这一指标的表征往往用人均占有的当地水资源量来表征。事实上，对于资源型缺水的度量也应当通过全口径水源来客观评价，其水资源本底应当考察当地产水量中的自身允许利用量、过境水量中的分配量、外调水量和有效降水量等全要素可供水量。

(2) 工程型/经济型缺水

工程型/经济型缺水是指区域由于工程不足或经济承受能力低使得水资源开发不足而造成的缺水。该种类型的缺水可以通过当地工程调蓄或利用能力占允许利用水资源量的比重来判断。事实上，工程型缺水往往是由于其经济承受能力低所致，因此将其归为一个类型。

(3) 结构型/效率型缺水

结构型/效率型缺水是指由于地区产业结构背离水资源条件以及用水管理不严格使得用水浪费或效率太低所导致的缺水。这种缺水在我国北方地区较为普遍，河北省产业结构过重，结构型缺水问题突出，西北地区灌溉方式粗放，也存在着效率型缺水问题。

(4) 污染型/水质型缺水

污染型缺水是指由于人为污染导致符合水质标准的水量不能满足用户需求的现象。污染型缺水在太湖流域及珠江三角洲地区表现十分突出，尽管该区域内水资源量丰富，但由于污染形势严重，水资源供需矛盾依然尖锐。天然水质不达标的现象不属于这一类型，而应是资源型缺水问题。

(5) 综合型/混合型缺水

上述四种类型两种及以上同时发生则属于综合型/混合型缺水。这种情况也较为多见，如我国西北地区存在资源型缺水和效率型缺水并存的局面。

3.1.5 区域缺水状态识别的基本准则

一个地区如果发生缺水，往往表现出一定的特征，这可以成为对于区域缺水识别初步判别的准则。

3.1.5.1 发生非常规水事件或涉水事件

区域缺水的最常规的判别准则是非常规水事件的发生，这里所提的非常规水事件包括非常规供水事件、非常规调控事件、非常规水冲突和其他一些非常规的涉水事件等。其中，非常规供水事件包括非常态的停水和限水事件，非常规调控事件包括非常态的水源转让和水权转换等，非常规的水冲突表现为区域间的争水事件等。此外还包括一些特殊的涉水事件，如与不安全饮用水伴生的一些特殊疾病。全国14个饮水地方病高发地区，同时也是严重缺水地区。

3.1.5.2 生态环境用水被社会经济用水挤占，水生态环境系统退化

由于区域水资源系统承载客体的多元性，当区域水资源供需出现矛盾时，承载客体用

水就产生了相互竞争。在没有充分意识到生态环境价值时，受直观经济利益的驱使，人类会通过各种方式对水资源在社会经济系统和生态环境系统之间的分配进行干预，生态环境用水不断被挤占，造成生态环境不断遭受破坏。由于经济规律是社会行为的主要协调规律之一，因此可以用生态环境用水是否被社会经济用水挤占来初步识别人类活动干扰程度较高区域缺水状态的识别准则。

3.1.5.3 区域用水效率高于其他地区

在水资源情势约束下，由于主观能动作用，人类会自觉协调其水事活动行为。在缺水地区或流域，突出表现为用水效率的提高，包括区域供水效率和用水效率都高于同类平均水平。基于对这种胁迫反馈行为的认识，区域水资源利用效率成为识别区域缺水状态的第三层次准则，具体考察指标包括农业灌溉定额、工业用水循环率、生活用水定额、蓄水工程效率、输水工程效率和提水工程效率等。如我国最为缺水的城市之一天津市，其工业用水中万元产值用水定额达29m^3，已远高于全国其他城市和地区。

3.1.5.4 区域内水资源的开源与节流边际成本接近

在水资源短缺地区，人们通过采取一系列增加供给和抑制需求的措施以实现区域水资源供需平衡，这些措施可以广义地概括为开源和节流。在进行开源和节流行为选择时，行为措施的边际成本成为决策者最主要的参考指标之一。在决策和行为的实施过程中，决策者会努力寻求边际成本较低的解决途径，经过一段时间调整，最终使得区域内水资源的开源与节流边际成本达到基本相等。因此区域内水资源开源与节流的边际成本大致相当与否成为区域缺水状态识别的第四层次准则。如果二者边际成本有较大差距，则边际成本较低的措施仍有较大的挖掘空间。

3.1.5.5 区域水资源进一步开发利用成本高于外调水成本

当区域水资源用水效率已经达到一个较高水平，而且区域内水资源开源和节流的边际成本基本相等，若区域水资源进一步开发利用成本高于外调水成本，人们自然会考虑利用区域外水资源来解决区域水资源的供需矛盾。因此区域水资源进一步开发利用成本高于外调水成本就成为了识别区域缺水状态的第五层次准则。当然，这一行为的具体实施还受到其他外部条件的局限。

3.1.6 全口径缺水识别内涵

为对某个地区真实的缺水状况做出系统的评估，本次研究提出了全口径缺水识别理论，即区域缺水识别应当综合考察全口径的需水主体，包括全部的社会用水需求主体、经济用水需求主体和生态用水需求主体；全口径的供水主体，包括有效降水、地表水、地下水以及其他水源；同时还要考察供水的水量、水质状况和时空的适配状况，不仅要看需水水量是否得到满足，考察其供水水质是否达标，还要识别供水的时空分布与需水主体的适应性（图3-2）。只有对以上三方面都进行系统、科学的判别后，才能真正识别出区域缺水的真实状况。

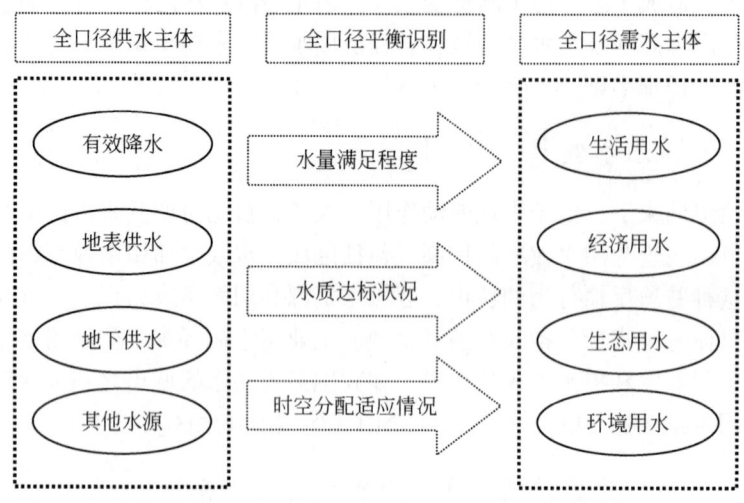

图3-2　全口径缺水识别方法基本内涵解释

水资源承载客体的用水需求分为两部分：一是保障客体现状运转正常的用水存量；二是满足客体发展需求的用水增量。对应上述两部分用水需求，又可将缺水划分为针对存量的破坏性缺水和针对增量的约束性缺水。破坏性缺水存在时，社会经济系统和生态环境系统的正常用水量无法得到满足，从而导致经济体利益受损、生态系统失衡。约束性缺水则是指发展用水缺失，客体限于水资源的条件而不能改善状况或扩大规模。受研究时间和基础信息的制约，本章仅进行了对于现状存量的破坏性缺水研究。

3.2　缺水识别技术方法研究

3.2.1　农业缺水识别技术

农业用水处于经济用水竞争性的最底端，因此是缺水识别的重点对象。我国农业包括两种主要类型，即雨养农业和灌溉农业。农业供水水源首先是有效降水，不足部分由灌溉供水补充。降水是雨养农业的唯一供水来源，作物生理需水量减去有效降水利用量即为缺水量。灌溉农业水源包括有效降水和灌溉补水两部分，因此缺水量等于作物生理需水量减去有效降水利用量和灌溉补水量。在此需要特别强调两点：一是关于农作物的生理需水标准，贫水地区采取经济需水定额，即主要追求单方水产出的最大化，富水地区则应采取充分需水定额，即主要追求农业产量的最大化；二是对于灌溉农业，受当地墒情预报和灌溉制度等方面的影响，有效降水和灌溉补水不可避免地会存在交叉现象，因此作物生理需水量减去有效降水利用量和灌溉补水量得到的缺水量是理想的最小缺水量。

3.2.2 工业缺水识别技术

工业用水处于经济用水竞争性的高端，供水保证率在95%以上，其缺水大多为转嫁性缺水，为隐性缺水。但在严重缺水地区也可能存在以非常规的供水事件表现出来的显性缺水，对于这一部分缺水也可以通过对工业企业的停水、限制供水等事件进行调查和统计的方式确定。此外，对于工业发展的约束性缺水也可以通过规划评价和实际调查等形式进行识别。

3.2.3 生活缺水识别技术

生活用水包括农村生活用水和城市生活用水两部分，由于城市生活用水处于用水竞争的最顶端，保证率很高，一般情况下不存在缺水问题，只有特殊情况下才会缺水，如遭遇特殊枯水年、水污染事件和供水事故等。对于这一部分缺水可以通过事件调查和统计的方式确定。相对于城市生活用水来讲，农村生活用水具有取水分散、供水水平低等特殊性，因此农村生活缺水是一个十分突出的问题，特别是饮水安全得不到保证。所谓饮水安全，是指在水量上满足、水质上保障、取水时间空间上便捷、保证率高于95%的饮用水供用水状况。据统计，截至2004年年底，全国农村饮水不安全人口约3.2亿人，其中饮水水质卫生不达标的约2.27亿人，水量不足、保证率低、取水不方便的近1亿人，全国4万多个乡镇中有1/3缺乏符合标准的供水设施。因此对于农村生活缺水识别，水量上可以根据相应的定额标准计算其需水量，需水量减去实际供水量即为缺水量，计算时要将因水质不达标导致的不安全饮水量扣除。

3.2.4 人工河湖生态缺水识别

城市河湖具有提供美学和休闲环境、提高城市品位和降低城市"热岛效应"等生态环境服务功能。城市河湖用水量主要包括维持水面蒸发、地下渗漏和水质保护等的水量需求。目前我国不同城市人均河湖水面建设标准存在较大差异，在识别人工河湖缺水时有两点需要重点考虑：一是适宜的人均水面建设标准。林超等（2003）提出，为抵消城市"热岛效应"，城市水面面积应以占城市市区面积的1/6为宜，但这一标准如何与区域水资源条件和经济社会发展水平相协调还没有相关研究。二是合理供水水源和建设模式的选取。从资源节约和环境友好型社会建设需求出发，城市河湖生态应当选取符合城市河湖生态水质标准的再生水作为供水水源，同时尽量采取循环利用的建设模式。

3.2.5 生态与环境缺水识别技术

根据环境中水分状况、植被地理分布及动物群落类型，可以把陆地上的生态系统划分为陆地生态系统与水生生态系统两大类群。其中陆地生态系统又可分成森林、草原、荒漠和冻原生态系统等，这类生态系统的水分支撑主要源于土壤水，与降水和地下水位相关。水生生态系统包括江、河、湖、沼等水域生态系统，水分条件主要是与河川剩余径流相关，因此陆生和水生生态系统缺水识别出发点分别为土壤水和江河湖沼的径流存量与通量。

1）陆地生态系统缺水识别。受纬度和光照、水分、热量、海拔等环境因素影响，陆生生态通常状况下表现出明显的地带性特征，其中多年平均降水量直接影响地带性植被的主要类型和覆盖度，因此陆生生态系统的余缺水的相对状况可以通过当年降水与多年平均降水量来判断，其绝对缺水状况可以通过土壤水丰缺程度来表征。当土壤湿度较大时，区域实际蒸散发量也会较大，当土壤湿度较小时，区域实际蒸散发量也会较小。考虑到地带性热量因素，本次研究引入了地表缺水压力系数（SIWS）指标，以实际蒸散发量与潜在蒸散发量的比值来表征和比较陆生生态缺水状况。

2）水生生态缺水识别。包括河流、湖泊、湿地等在内的水生生态系统，其所需用水是径流性水资源量。水生生态实际用水量是降雨坡面产流和经济社会取用径流性水资源后的余水量。水生生态需水量与水生态保护目标与标准有很大关系，不同的保护目标对应不同的需水量，从而导致不同的缺水量。水生生态保护目标应重点考虑区域水资源条件和用水的竞争性，确定适当的保护目标和合理的保护标准。

3.3 基于 GIS 的缺水空间展布

基于 GIS 的缺水情况空间展布是在需水分析和供水分析的基础下进行的，通过缺水识别技术方法计算的各个行政单元内的具体缺水状况，包括上述的农业缺水、工业缺水、生活缺水、人工河湖生态缺水以及生态环境缺水等，在 GIS 的支持下实现缺水的空间可视化表达，其具体流程如图 3-3 所示。

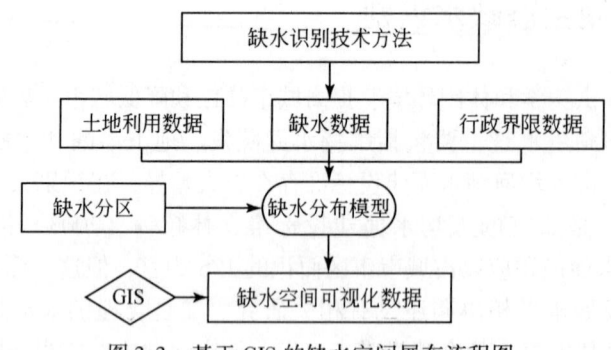

图 3-3 基于 GIS 的缺水空间展布流程图

3.3.1 缺水分区

河北省作为一个整体，省内各区县之间以及各乡镇之间的缺水程度差异性大，很难用单一的模型模拟其缺水空间分布,因此首先应根据缺水状况进行分区,从而实现空间化建模。

为保持缺水空间化分区后区内缺水状况一致且区间差别明显,选择河北省乡镇级别与缺水有关系的变量(如人口、GDP、DEM、交通、气温等)进行相关分析,选择与缺水密切相关的变量。根据选择的变量进行主成分分析获得进行河北省缺水分区指标(water shortage index,WSI),并计算河北省所有乡镇的WSI。考虑到空间缺水分区应保持分区结果在空间的连续性,因此计算了每个乡镇空间数据的重心坐标(x,y)。对所有分区变量进行归一化处理后,采用自下而上的区划方法,应用 K-means 法对样本进行分区,其流程如图3-4所示。

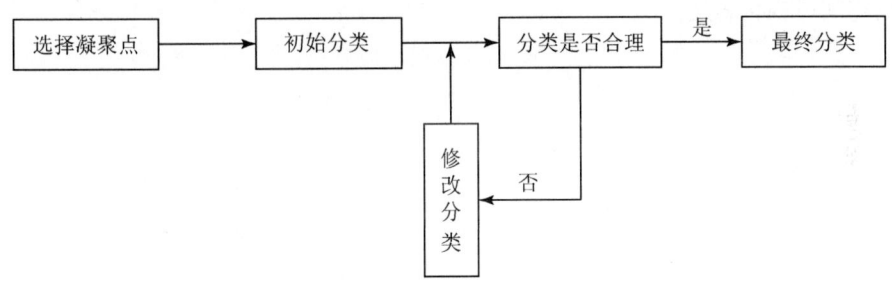

图 3-4 K-means 法流程图

3.3.2 GDP 空间分布模型的构建

由于本次工作中需要考虑5类缺水状况,包括农业缺水、工业缺水、生活缺水、人工河湖生态缺水以及生态环境缺水,因此需要对每一种类型缺水在分区内分别建模。建模的重点是依据缺水数据确定其与空间土地利用之间的关系。模型以乡镇数据为样本,提取通过缺水识别技术获得的缺水数据及土地利用数据进行。所建立的模型如下所示:

$$S_j = \text{Sn}_j + \text{Sg}_j + \text{Ss}_j + \text{Sw}_j + \text{Se}_j \tag{3-1}$$

$$\text{Sn}_j = \sum_{i=1}^{n}(A_i \times \text{Ln}_{ij}) + B_j \tag{3-2}$$

$$\text{Sg}_j = \sum_{i=1}^{n}(A_i \times \text{Lg}_{ij}) + B_j \tag{3-3}$$

$$\text{Ss}_j = \sum_{i=1}^{n}(A_i \times \text{Ls}_{ij}) + B_j \tag{3-4}$$

$$\text{Sw}_j = \sum_{i=1}^{n}(A_i \times \text{Lw}_{ij}) + B_j \tag{3-5}$$

$$\text{Se}_j = \sum_{i=1}^{n}(A_i \times \text{Le}_{ij}) + B_j \tag{3-6}$$

式中,j 代表第 j 个样本乡镇;S_j 代表第 j 个乡镇总缺水数据;Sn_j、Sg_j、Ss_j、Sw_j、Se_j 分别代表该乡镇的农业缺水、工业缺水、生活缺水、人工河湖生态缺水和生态环境缺水;Ln_{ij}

代表第j个乡镇第i类农业用地面积,可分为水田和旱地;Lg$_{ij}$代表第j个乡镇第i类工业用地面积,可分为城镇用地、工矿其他用地;Ls$_{ij}$代表第j个乡镇第i类居民地面积,可分为城镇用地、农村居民点、工矿其他用地;Lw$_{ij}$代表第j个乡镇第i类水域面积,可分为河渠、湖泊、水库、滩涂等;Le$_{ij}$代表第j个乡镇第i类生态用地面积,包括草地、林地、湿地等;A_i为模型缺水系数;B_j为常数项。此二项根据最小二乘法基于每个分区内各个乡镇样本的数据,从式(3-2)~式(3-6)分别进行求解。

从而可以根据获得的系数和常数项实现各种缺水类型的空间分布。由于建模过程中使用的统计方法存在固有误差,采用式(3-1)对结果进行平差和总量控制。

最后根据模型计算结果,在GIS的支持下以土地利用数据和行政边界数据为本底,实现缺水的空间可视化表达。

第4章 河北省现状缺水的系统识别及诊断

4.1 河北省分用户缺水分析与计算

4.1.1 农业缺水计算

4.1.1.1 农业需水量

农田灌溉需水量采用农业计算上精度比较高的参考作物法,选择实际作物蒸发蒸腾量ETc作为作物需水量的表征指标。该指标主要取决于作物生长发育对水分需求的内部因子和环境供给水分的外部因子。假想存在一种参考作物,可以作为计算各种具体作物需水量的参照,计算参考作物的需水量(ETo),利用作物系数(Kc)进行修正,最终得到某种具体作物的需水量:

$$ETc_i = Kc_i \times ETo_i \tag{4-1}$$

式中,ETc_i 为第 i 阶段的实际作物蒸发蒸腾量;Kc_i 为第 i 阶段的作物系数;ETo_i 为第 i 阶段的参考作物需水量。

1) 计算参考作物需水量的方法有许多种,在此选用联合国粮食及农业组织(FAO)推荐的彭曼蒙特斯方程[式(4-2)]。该方法以能量平衡和水汽扩散理论为基础,既考虑了作物的生理特性,又考虑了空气动力学参数的变化,有较为充分的理论依据和较高的计算精度。同时该方法在计算过程中较为简便,仅需要当地的常规气象资料包括气温、水汽压、日照时数和风速等便可较为精确地估计出作物的需水量。

$$ETo = \frac{0.408\Delta(R_n - G) + \frac{900}{T+273}\gamma U_2(e_s - e_d)}{\Delta + \gamma(1 + 0.34U_2)} \tag{4-2}$$

式中,ETo 为参考蒸发量;R_n 为冠层表面净辐射;G 为土壤热通量;e_s 为饱和水汽压;e_d 为实际水汽压;Δ 为饱和水汽压与温度曲线斜率;γ 为湿度常数;U_2 为 2m 高处风速;T 为平均温度。

2) Kc 的选取,可以利用实验结果选择各个地区不同作物的 Kc 作为参考值。我国北方地区 Kc 的参考数值见表 4-1。

表4-1 主要作物的作物系数（Kc）值

时间	冬小麦	水稻	夏玉米	谷子	高粱	薯类	大豆	棉花	花生	芝麻	瓜菜类
1月上旬	0.36	0	0	0	0	0	0	0	0	0	0
1月中旬	0.36	0	0	0	0	0	0	0	0	0	0
1月下旬	0.36	0	0	0	0	0	0	0	0	0	0
2月上旬	0.36	0	0	0	0	0	0	0	0	0	0
2月中旬	0.36	0	0	0	0	0	0	0	0	0	0
2月下旬	0.36	0	0	0	0	0	0	0	0	0	0
3月上旬	0.36	0	0	0	0	0	0	0	0	0	0.90
3月中旬	0.36	0	0	0	0	0	0	0	0	0	1.08
3月下旬	0.45	0	0	0	0	0	0	0	0	0	1.08
4月上旬	0.61	0	0	0	0	0.33	0	0	0	0	0.72
4月中旬	0.77	0	0	0	0	0.33	0	0	0	0	0.72
4月下旬	0.93	0.90	0	0.37	0.39	0.33	0	0.34	0	0	0.82
5月上旬	1.04	0.90	0	0.37	0.39	0.47	0	0.34	0.35	0	1.18
5月中旬	1.04	0.90	0	0.37	0.47	0.76	0	0.34	0.35	0	1.25
5月下旬	1.04	0.90	0	0.49	0.68	1.04	0	0.46	0.35	0.48	1.30
6月上旬	0.97	0.92	0	0.68	0.88	1.13	0	0.66	0.35	0.48	1.21
6月中旬	0.57	0.95	0	0.87	1.00	1.13	0	0.85	0.46	0.53	1.21
6月下旬	0	1.00	0.61	0.94	1.00	1.13	0.64	1.04	0.64	0.72	1.20
7月上旬	0	1.03	0.62	0.94	1.00	1.12	0.69	1.13	0.83	0.92	1.21
7月中旬	0	1.03	0.76	0.94	1.00	0.98	0.97	1.13	1.01	1.04	1.21
7月下旬	0	1.03	0.97	0.94	0.92	0.79	1.09	1.13	1.10	1.04	1.21
8月上旬	0	1.03	1.12	0.94	0.77	0	1.09	1.13	1.10	1.04	1.24
8月中旬	0	1.03	1.13	0.91	0.61	0	1.09	1.11	1.10	1.02	1.24
8月下旬	0	1.03	1.13	0.73	0.51	0	1.01	1.00	0.97	0.65	1.24
9月上旬	0	1.00	1.07	0.54	0	0	1.01	0.87	0.72	0.32	1.40
9月中旬	0	0.80	0.84	0.37	0	0	0.68	0.74	0.58	0	1.40
9月下旬	0.54	0.60	0.65	0	0	0	0.49	0.68	0	0	1.40
10月上旬	0.54	0	0	0	0	0	0	0	0	0	0.80
10月中旬	0.54	0	0	0	0	0	0	0	0	0	0.80
10月下旬	0.54	0	0	0	0	0	0	0	0	0	0.80
11月上旬	0.54	0	0	0	0	0	0	0	0	0	0
11月中旬	0.54	0	0	0	0	0	0	0	0	0	0
11月下旬	0.50	0	0	0	0	0	0	0	0	0	0
12月上旬	0.37	0	0	0	0	0	0	0	0	0	0
12月中旬	0.36	0	0	0	0	0	0	0	0	0	0
12月下旬	0.36	0	0	0	0	0	0	0	0	0	0

3）农业需水量计算。河北省 2008 年主要作物种植面积见表 4-2。

表 4-2　河北省 2008 年主要作物种植面积　　　（单位：hm²）

行政区\作物类型	稻谷	小麦	玉米	大豆	油料作物	棉花	蔬菜
邯郸	3 506	384 571	289 974	23 369	62 474	103 027	127 946
邢台	0	339 750	272 847	20 934	52 105	160 192	57 723
石家庄	879	340 093	308 048	26 588	69 863	16 720	164 084
保定	3 009	357 946	401 405	16 433	83 120	34 364	157 147
沧州	4	364 192	364 546	60 930	40 911	135 540	77 630
衡水	0	262 498	241 258	19 194	42 402	124 765	83 534
廊坊	0	109 442	177 473	18 710	20 986	45 365	100 524
秦皇岛	10 226	13 464	76 272	9 990	21 784	1 685	35 184
唐山	47 984	116 641	265 168	16 035	74 919	32 780	174 973
张家口	3 518	0	153 553	20 551	56 931	0	76 970
承德	16 268	0	126 333	15 531	5 006	0	49 060

河北省地处海河流域，水资源本底条件差，在计算作物需水量时采用经济需水定额进行计算，主要农作物的经济需水量见表 4-3。

表 4-3　河北省主要农作物经济需水量　　　（单位：mm）

作物	稻谷	小麦	玉米	大豆	油料作物	棉花	蔬菜
需水量	550	450	280	380	320	480	850

根据以上数据，计算得到河北省各行政区 2008 年主要作物的需水量（表 4-4），得出 2008 年河北省农业总体需水量为 334.37 亿 m³。

表 4-4　河北省 2008 年主要作物需水量　　　（单位：亿 m³）

行政区\作物类型	稻谷	小麦	玉米	大豆	油料作物	棉花	蔬菜	合计
邯郸	0.19	17.31	8.12	0.89	2.00	4.95	10.87	44.33
邢台	0	15.29	7.64	0.80	1.67	7.69	4.91	37.99
石家庄	0.05	15.30	8.63	1.01	2.24	0.80	13.94	41.97
保定	0.17	16.11	11.24	0.62	2.66	1.65	13.36	45.80
沧州	0	16.39	10.21	2.32	1.31	6.51	6.60	43.33
衡水	0	11.81	6.76	0.73	1.36	5.99	7.10	33.74
廊坊	0	4.92	4.97	0.71	0.67	2.18	8.54	22.00
秦皇岛	0.56	0.61	2.14	0.38	0.70	0.08	2.99	7.45
唐山	2.64	5.25	7.42	0.61	2.40	1.57	14.87	34.77
张家口	0.19	0	4.30	0.78	1.82	0	6.54	13.64
承德	0.89	0	3.54	0.59	0.16	0	4.17	9.35

4.1.1.2 农业供水量

如上文所述,农业供水水源主要包括有效降水以及灌溉补给供水两个方面。

1) 有效降雨量的计算。一般规定阶段降水量小于某一数值时为全部有效,大于某一数值时用阶段降水量乘以某一有效利用系数值确定,多数情况下都不考虑阶段需水量和下垫面土壤的蓄水能力。其计算公式为

$$P_e = \alpha P_t \tag{4-3}$$

式中,P_e 为有效降雨量(mm);P_t 为次降雨量(mm);α 为降水入渗系数,与次降雨量、降水强度、降水延续时间、土壤性质、植被覆盖及地形等因素有关。

一般认为:当次降雨量<5mm 时,$\alpha=0$;当 5mm≤次降雨量≤50mm 时,$\alpha=0.8\sim1.0$;当次降雨量>50mm 时,$\alpha=0.7\sim0.8$。

但是在 α 值的确定上仍然存在一些问题:首先,α 值不仅与上面提到的因素有关,而且与上一次的降水强度、两次降水之间的时间间隔及此时段内的作物蒸发强度也有直接关系,即使两次降水量及降水强度完全相同,α 取值也可能有较大的差异;其次,能否将次有效降水量的计算公式用于时段有效降水量的计算,目前还没有足够的实测资料能够予以证明。

美国土壤保持局通过分析美国 22 个地区 50 年的降水资料,采用土壤水分平衡法,综合考虑作物蒸散、降水和灌溉等因素,提出了一项预测月有效降水量的技术。其提出的公式为

$$P_e = \text{SF}(0.049\,310\,862\, P_t^{0.824\,16} - 0.115\,56)(10^{9.551\,181\,1\times10^{-4}\text{ETc}}) \tag{4-4}$$

式中,P_e 为月平均有效降水量(mm);P_t 为月平均降水量(mm);ETc 为月平均作物需水量(mm);SF 为土壤水分储存因子。SF 用下式确定:

$$\text{SF} = 13.506\,373\,8 + 0.295\,164D - 2.271\,535\,4\times10^{-3}D^2 + 5.896\,211\,7\times10^{-6}D^3 \tag{4-5}$$

式中,D 为可使用的土壤储水量(mm),取决于所用的灌溉管理措施,通常取为作物根区土壤有效持水量的 40%~60%。

根据上述两个公式计算的月平均有效降水量不能超过月平均降水量,也不能超过月平均蒸发量。如果应用这两个公式计算的数值超过了其中的任何一个,则必须减小到使其等于两者中较小的那个数值。但是在实际研究中发现,这种方法虽然考虑了较为全面的因素,但在我国目前的农业生产管理水平下,不足 40mm 的旬降水只要强度不是特别大,基本上都能被保存在田间土壤中或水稻的格田之中。因此 40mm 以下的旬降水用此方法计算不是很合适。

目前,仍旧缺少充分的实测资料可以定量地描述控制降水有效性的过程。影响有效降水的过程很多,相关参数也很难获取或测定,如作物需水量的测定、土壤湿度观测点确定等。因此,本次研究中,在借鉴美国土壤保持局计算方法的同时,参考我国次有效降水量的确定方法,将 0~40mm 的旬降水量视为全部有效,大于 40mm 的旬降水量通过式(4-4)进行计算,得出各旬有效降水量。如果用上述方法计算得到的旬有效降水量大于该旬的作物需水量,则将该旬的作物需水量视为有效降水量。

根据以上分析，确定了河北省月有效降雨利用系数（表4-5），结合河北省各行政区2008年年内降雨过程（表4-6）以及河北省各行政区主要农作物类型耕种面积（表4-7），计算可得到研究区域以月为时段有效降雨量（表4-8）。

表4-5 河北省各行政区月有效降雨利用系数

行政区	有效降雨利用系数											
	1月	2月	3月	4月	5月	6月	7月	8月	9月	10月	11月	12月
邯郸	0.85	1	0.85	0.85	0.7	0.7	0.48	0.7	0.85	1	0.85	0.85
邢台	1	1	0.85	1	0.85	0.58	0.7	0.58	0.8	0.85	0.85	0.85
石家庄	1	0.85	0.85	0.85	0.85	0.8	0.58	0.48	0.7	0.85	0.85	0.85
保定	1	0.85	0.85	1	0.85	0.85	0.48	0.48	0.85	0.85	1	0.85
沧州	1	0.85	0.85	0.85	1	0.8	0.48	0.48	1	0.85	0.85	1
衡水	1	1	1	0.85	0.8	0.7	0.58	0.7	0.85	0.85	1	1
廊坊	0.85	1	0.85	1	0.85	0.8	0.48	0.7	0.7	0.85	0.85	1
秦皇岛	1	1	0.85	0.85	0.7	0.48	0.48	0.48	0.8	0.85	1	1
唐山	1	1	1	1	0.85	0.85	0.48	0.48	0.85	0.85	0.85	1
张家口	0.85	0.85	0.85	1	0.85	0.7	0.7	0.58	0.8	0.85	0.85	1
承德	1	1	0.85	1	0.7	0.85	0.48	0.58	0.85	0.85	1	1

表4-6 2008年河北省各地市典型逐月降雨量过程 （单位：mm）

行政区	2008年逐月降雨量												合计
	1月	2月	3月	4月	5月	6月	7月	8月	9月	10月	11月	12月	
邯郸	0	0.5	7.5	0	78.2	22.2	234.4	125.3	23.3	5.3	0.6	4.0	501.3
邢台	8.4	9.3	20.3	3.1	19.4	72.4	87.3	141.8	33.1	6.3	8.3	1.0	410.7
石家庄	1.8	0	6.2	6.6	54.6	153.4	160.4	183.6	37.8	21.4	2.8	2.9	631.5
保定	0.5	1.3	3.3	6.0	25.6	31.9	304.0	162.2	11.2	6.5	6.8	2.7	562.2
沧州	6.6	0.4	5.6	0	9.5	40.0	226.0	84.0	58.5	24.5	12.5	0	467.6
衡水	0	10.1	6.2	3.3	19.8	21.2	163.5	186.2	28.9	17.1	0.8	7.3	464.4
廊坊	0.2	5.8	9.9	5.1	17.1	45.4	118.1	200.4	75.9	15.7	5.9	5.3	504.8
秦皇岛	0	4.8	11.5	3.3	25.1	137.1	91.1	123.4	49.1	15.0	6.0	9.2	475.6
唐山	13.4	0.5	26.5	29.1	53.6	85.7	195.7	60.0	12.1	4.0	10.6	11.8	503.0
张家口	0.2	4.2	2.0	23.7	32.5	71.4	124.0	191.2	8.9	9.5	4.2	0	471.8
承德	2.2	5.8	8.0	7.8	4.2	47.0	244.5	195.5	2.8	12.0	8.6	4.8	543.2

表4-7 河北省各行政区主要农作物类型耕种面积　　　　（单位：hm²）

作物名称	耕种月份	邯郸	邢台	石家庄	保定	沧州	衡水	廊坊	秦皇岛	唐山	张家口	承德
水稻	5～9月	3 506	0	879	3 009	4	0	0	10 226	47 984	3 518	16 268
冬小麦	10～6月	384 571	339 750	340 093	357 946	364 192	262 498	109 442	13 464	116 641	0	0
夏玉米	7～9月	289 974	272 847	308 048	401 405	364 546	241 258	177 473	76 272	265 168	153 553	126 333
大豆	7～9月	23 369	20 934	26 588	16 433	60 930	19 194	18 710	9 990	16 035	20 551	15 531
花生	5～9月	62 474	52 105	69 863	83 120	40 911	42 402	20 986	21 784	74 919	56 931	5 006
棉花	5～9月	103 027	160 192	16 720	34 364	135 540	124 765	45 365	1 685	32 780	0	0
蔬菜瓜果类	3～10月	127 946	57 723	164 084	157 147	77 630	83 534	100 524	35 184	174 973	76 970	49 060

表4-8 河北省各行政区农业有效降雨利用量　　　　（单位：亿m³）

作物名称	邯郸	邢台	石家庄	保定	沧州	衡水	廊坊	秦皇岛	唐山	张家口	承德
水稻	0.06	0	0.01	0.02	0	0	0	0.15	0.34	0.04	0.15
冬小麦	9.37	9.36	9.14	8.14	9.32	6.49	2.72	0.41	3.27	0	0
夏玉米	4.24	4.76	6.71	7.72	5.80	4.13	3.70	1.49	6.19	2.61	2.59
大豆	0.57	0.58	0.71	0.37	1.56	0.47	0.46	0.31	0.45	0.49	0.43
花生	1.46	1.23	1.51	1.68	1.04	1.02	0.44	0.60	2.03	1.20	0.13
棉花	2.23	2.69	0.21	0.40	2.25	2.10	0.67	0.03	0.65	0	0
蔬菜、瓜果类	1.87	1.01	3.57	3.02	1.66	1.43	2.09	0.69	4.08	1.31	1.01
合计	19.80	19.63	21.86	21.35	23.62	15.64	10.08	3.69	17.01	5.64	4.31

2）灌溉补给供水的计算。据统计数据显示，河北省2008年全省农业灌溉补给供水量约134亿m³，各行政区具体灌溉补给供水量见表4-9。

表4-9 河北省各行政区2008年农业灌溉补给供水量　　　　（单位：亿m³）

行政区	邯郸	邢台	石家庄	保定	沧州	衡水
农业灌溉用水量	11.68	13.81	20.71	22.91	8.62	12.86
行政区	廊坊	唐山	秦皇岛	张家口	承德	—
农业灌溉用水量	6.50	17.60	5.53	7.87	6.14	—

3）农业供水量的计算。通过上述计算，可以得出河北省区域内农业总供水量为297亿m³，其中有效利用降水总量约163亿m³，农业灌溉补给供水量约134亿m³，所占比例分别为55%和45%左右。

（3）农业缺水量

计算结果表明，河北省农作物经济需水总量约为334亿m³。供水方面，根据典型年降雨过程，在最优情况下，河北省全省2008年有效降雨利用量约163亿m³，2008年人工灌溉补水量约134亿m³，扣除个别行政区非经济灌溉的影响因素，2008年河北省农田灌溉最小缺水量约为37.6亿m³。此外，考虑林牧渔业的缺水状况，估算2008年河北省农业缺水总量约为 46 亿 m³（表 4-10）。

表 4-10　2008 年河北省各行政区农业缺水量　　　　（单位：亿 m³）

行政区	农业灌溉需水量	有效降雨利用量	农业灌溉补给用水量	农业灌溉缺水量	农业总缺水量
邯郸	44.3	19.8	11.7	12.8	13.17
邢台	38.0	19.6	13.8	4.6	4.80
石家庄	42.0	21.9	20.7	−0.6	1.10
保定	45.8	21.4	22.9	1.5	1.95
沧州	43.3	23.6	8.6	11.1	12.14
衡水	33.7	15.6	12.9	5.2	5.46
廊坊	22.0	10.1	6.5	5.4	6.00
唐山	34.8	17.0	17.6	0.2	0.42
秦皇岛	7.5	3.7	5.5	−1.7	0.34
张家口	13.6	5.6	7.9	0.1	0.23
承德	9.4	4.3	6.1	−1	0.24
合计	334.4	162.6	134.2	37.6	45.85

4.1.2　城市生活与工业缺水计算

城市生活和工业用水保证率相对较高，是区域缺水影响最小的用户。2008 年河北全省城市用水总量为 36.9 亿 m³，其中居民生活用水量 7.3 亿 m³，环境用水量 1.4 亿 m³，二产用水量为 26.2 亿 m³，三产用水量为 2.0 亿 m³。城市缺水主要表现为城市生态环境缺水和城市供水限水、停水等现象。二产、三产用水由于处于经济用水竞争性的高端，其供水保证率可以达到 95% 以上，缺水现象不明显。采用调查统计的方法，对造成城市缺水的停水、限水等事件进行统计分析，发现 2008 年河北省工业供水存在一定数量的停水和限制供水事件，数据统计结果见表 4-11，合计 1.96 亿 m³。这部分缺水量仅计算了针对工业用水存量的破坏性缺水，未将因水资源短缺而导致的新建工业项目撤销或生产规模不能扩大的约束性缺水计算在内。若加上靠超采地下水供给的城市用水，则城市用水系统缺水总量为 10.7 亿 m³。

表 4-11　2008 年河北省各行政区工业缺水量（仅统计停水和限水）　　（单位：亿 m³）

行政区	邯郸	邢台	石家庄	保定	衡水	沧州
工业缺水量	0.05	0.11	0.44	0.08	0.43	0.22

行政区	廊坊	唐山	秦皇岛	张家口	承德	—
工业缺水量	0.19	0.13	0.10	0.01	0.20	—

4.1.3 农村生活缺水计算

如前所述,农村生活缺水量包括两个方面:一是针对农村生活总用水量,未按定额供水而导致生活品质降低的那部分缺水量;二是在已供水量中,不能满足饮水安全要求的那部分水量。

国家对农村饮水安全制定的标准有水质、水量、方便程度和保证率四项指标,只要有一项低于安全值,就属于饮水不安全。具体地,饮用水水质应符合国家《生活饮用水卫生标准》(GB 5749—2006)的要求,水源缺乏地区应符合《农村实施〈生活饮用水卫生标准〉准则》三级以上的各项标准;供水水量应根据有关规范、标准的要求,并考虑到区域气候、水资源条件和生活习惯等;供水方式与方便程度,供水方式采用自来水供水到户的方式,在经济欠发达或农民收入较低的地区,供水系统可考虑暂时先建到公共给水点,但必须保证各户来往集中供水点的取水往返时间不超过20分钟;水源保证率,饮用水供水水源保证率不低于95%为安全,不低于90%为基本安全。

我国目前农村居民生活用水定额为50~75 L/(人·d),南方略高于北方地区。考虑到河北省的实际情况,生活用水定额取60 L/(人·d)。如表4-13所示,2008年全省农村总人口5412万人,按照60 L/(人·d)计算,生活需水总量为11.85亿m^3,而当年实际供水量为9.47亿m^3,缺水量为2.60亿m^3(表4-12)。

表4-12　2008年河北省各行政区农村生活按定额计算缺水量

行政区	农村总人口/万人	供水量/亿m^3	按定额计算需水量/亿m^3	缺水量/亿m^3
邯郸	693	0.909 3	1.517 7	0.608 4
邢台	582	0.947 1	1.274 6	0.327 5
石家庄	655	1.218 4	1.434 5	0.216 1
保定	901	1.517 7	1.973 2	0.455 5
沧州	560	0.885 2	1.226 4	0.341 2
衡水	358	0.580 3	0.784 0	0.203 7
廊坊	315	0.665 1	0.689 9	0.024 8
唐山	521	1.353	1.141 0	0
秦皇岛	199	0.381 1	0.435 8	0.054 7
张家口	335	0.452 1	0.733 7	0.281 6
承德	293	0.560 1	0.641 7	0.081 6
合计	5 412	9.469 4	11.852 5	2.595 1

2008年,河北省农村总人口5412万人,不安全饮水人口数为2324万人,占全省农村总人口数的43%,其中农村饮水不安全人口中饮水水质不达标人口1538万人,水量不达标人口277万人,用水方便程度不达标人口154万人,水源保证率不达标人口355万人,分别占饮水不安全人口的66%、12%、7%、15%(表4-13)。

河北省农村生活用水主要是地下水，缺水的主要原因是水质型缺水，包括原生水质较差和次生污染导致的缺水，主要超标项目为总硬度、矿化度、氟化物、硫酸盐、氯化物、硝酸盐、铁、锰等。

饮水水量不足和取水方便程度不达标的原因主要是机井的成井时间较早，受当时打井条件的限制，机井大多成井浅、井径小、管壁质量差，使用寿命短。到目前为止，机井均属于超期使用，加上地下水位的下降，造成机井出水量严重不足或报废。水源保证率不达标的区域主要分布在山区或丘陵区，主要原因是当地水文地质条件差，地下水富水性差，难以开发，许多村庄没有稳定的水源，主要靠水池、水窖、水柜等集雨设施供水或直接饮用泉水（河水），受自然因素影响比较明显，水量不能保证。河北省平原区的部分村庄由于无供水设施，需常年到村外取水，往返时间较长，用水很不方便。

表4-13 2008年河北省各行政区农村饮水不安全人口　　（单位：万人）

行政区	农村总人口	饮水不安全人口		
		总人口	水质不达标人口	水量不足、保证率低、取水不便人口
邯郸	693	354	288	66
邢台	582	245	182	63
石家庄	655	162	86	76
保定	901	378	250	128
沧州	560	272	203	70
衡水	358	165	152	13
廊坊	315	142	109	33
唐山	521	250	121	128
秦皇岛	199	68	33	35
张家口	335	165	99	66
承德	293	123	15	108
合计	5 412	2 324	1 538	786

现状农村生活供水中，部分水质不达标供水引发人口饮水不安全。以现状各地市农村生活供水定额计算，按照分质供水的原则，其中30%属于高品质水量，饮水水质未达安全标准的作为缺水计算。参照饮用水不安全人口数，河北省农村生活因水质不达标造成的缺水量为0.78亿m³。2008年河北省农村生活缺水总量约为3.4亿m³，缺水率高达26%（表4-14）。

表4-14 2008年河北省各行政区农村生活缺水量

行政区	未保证饮水安全缺水量/亿m³	按定额计算缺水量/亿m³	总缺水量/亿m³	缺水率/%
邯郸	0.11	0.608 4	0.72	44
邢台	0.09	0.327 5	0.42	31
石家庄	0.05	0.216 1	0.26	18

续表

行政区	未保证饮水安全缺水量/亿 m³	按定额计算缺水量/亿 m³	总缺水量/亿 m³	缺水率/%
保定	0.13	0.455 5	0.58	28
沧州	0.10	0.341 2	0.44	33
衡水	0.07	0.203 7	0.28	32
廊坊	0.07	0.024 8	0.09	12
唐山	0.09	0	0.09	7
秦皇岛	0.02	0.054 7	0.07	16
张家口	0.04	0.281 6	0.32	42
承德	0.01	0.081 6	0.09	14
合计	0.78	2.595 1	3.36	26

4.1.4 生态与环境缺水计算

生态与环境用水包括城市环境用水、湿地用水、河道生态基流及地下水生态用水等。

4.1.4.1 城市环境用水

城市环境用水主要利用雨水、再生水等非常规水源，缺口相对较小。城市环境用水包括城市河湖、绿化及环境卫生三部分。《河北省水资源综合规划》主要规划了11个设区市及22个县级市城市河湖，按水面蒸发渗漏损失计算了需水量，绿地及环境卫生需水则按城镇发展规划要求的城市绿地面积及道路喷洒率进行测算。其中11个设区市2010年人均绿地面积达到10m²，2020年人均绿地将达到12m²，2030年人均绿地将超过12m²。依照上述规划目标，估算河北省2008年城市环境需水量为1.8亿m³。

4.1.4.2 湿地用水

根据湖泊洼淀的各种功能，特别是现状生态功能和当地水源条件下，确定湖泊洼淀的生态水位和水面。参考地方规划成果，生态水面一般包括洼淀内现有水面、水库、苇地、鱼塘及规划水库。对于蓄滞洪区，除有实测资料的以外，一般采用1.5m水深为生态水位，然后根据洼淀的水位和面积关系曲线确定相应的水面和蓄水量，据此确定蒸发渗漏损失量即生态补水量。湿地蒸发损失量的计算同河道，为600mm/a的蒸发深度与湿地面积的乘积。关于湿地渗漏量的计算，由于湿地均处于河流中下游，地势平坦低洼，按长期蓄水湿地考虑，地下水渗透量相对稳定，一般为1～3mm/d。为便于计算采用2mm/d，年渗漏损失深度为730mm，将其乘以湿地面积即为渗漏损失量。河北省湿地用水的计算主要对重要的湖泊、湿地需水进行了测算，包括白洋淀、衡水湖、南大港湿地、滦河口湿地、唐海湿地、七里海鸿湖、滦河源湿地等。湿地需水量按照《河北省水资源综合规划》中所规划的恢复面积及相应蒸发损失估算，最低生态需水量为2.33亿m³。

4.1.4.3 河道生态基流量

河道生态基流量由中心河道生态基流量、河流水面蒸发、河道渗漏耗水量以及河漫滩植物耗水量等部分构成。根据"海河流域主要河流生态基流流量计算"的研究成果，中心河道生态基流量的计算方法采用 Tennant 法和槽蓄法。

Tennant 法即将多年平均流量百分数分成 8 个等级，分别对应于最小至最大的不同流量状态。其中，多年平均流量的 10% 为维持水生生物生存的最小流量，而多年平均流量的 30% 为适宜水生生物的中等流量，多年平均流量的 60% 为最佳生态环境需水量。中心河道生态基流量的选取主要根据河流的水文状况、现状水源条件和生态意义等因素而定。对于现状水源条件较好、生态意义较为重要的河流（如白洋淀上游的白沟河、南拒马河、唐河、潴龙河及滦河）和有外来水源汇入的河流（如陡河、北运河、卫河），选取中等流量或较小流量的等级，对于水资源条件较差的河流则选取最小流量等级。一般地，所选取的流量大小接近于 20 世纪 50～60 年代偏枯年份的最小月平均流量。

槽蓄法适用于有闸坝控制的河段，根据河槽形状及河底高程等实测资料，将每条河道分为多个河段，推求出每条河道该目标水位下的各河段的槽蓄量，考虑蒸发渗漏损失和换水量，得到各河道生态恢复的河槽蓄水量。

将河道生态基流量视为河道最小生态需水量，参照"河北省地表水生态环境修复研究"成果，主要考虑河北省一些重要河流，有滦河及冀东沿海水系的滦河、陡河、戴河，与白洋淀密切相关的大清河、白沟河、南拒马河、唐河、沙河，子牙河水系流经主要城市的滹沱河、滏阳河、子牙河干流以及清凉江。河北省河流河道内最小生态需水量为 34.27 亿 m³。

4.1.4.4 地下水生态用水

根据《河北省水资源综合规划》统计结果，平水年河北省深层和浅层地下水超采量各为 20 亿 m³，合计 40 亿 m³。为修复河北省因地下水超采而破坏的地下水环境，将年超采量视为地下水生态缺水量，地下水实行以丰补欠。按全省年降雨量，2008 年为平水年，因此地下水生态缺水量依照正常年份，总缺水量为 40 亿 m³。

河北省生态需水量总计为 79 亿 m³，多年平均可供生态的水量约为 9 亿 m³。综合以上各项，河北省生态环境缺水量约为 70 亿 m³（表 4-15）。

表 4-15　河北省各行政区 2008 年生态缺水量　　　　　　（单位：亿 m³）

行政区	邯郸	邢台	石家庄	保定	衡水	沧州
生态缺水量	7.0	3.5	11.2	15.1	10.1	6.5
行政区	廊坊	唐山	秦皇岛	张家口	承德	全省
生态缺水量	4.5	7.2	1.8	1.9	1.2	70.0

综合以上计算结果，河北省现状年总缺水量为 121 亿 m³，其中经济社会缺水 51 亿 m³，生态环境缺水 70 亿 m³。

4.2　河北省缺水空间分布与分析

4.2.1　综合缺水空间分布及成因分析

运用本书所研发的缺水空间展布技术，河北省经济社会缺水分布见图 4-1。从图上可以看出，河北省经济社会缺水状况由北向南逐步严重，海河南系平原区缺水最为严重，最突出的是南端的邯郸市，其次为衡水、沧州、邢台等地区。这一地区水资源总量占全省的29.7%，人均水资源量仅为189m³。同时，该地区耕地占全省的55.5%，人口占60.7%，GDP占58.8%，属于严重的资源型短缺地区，水资源已经难以支撑经济社会的可持续发展，必须实施一定规模的外调水工程。

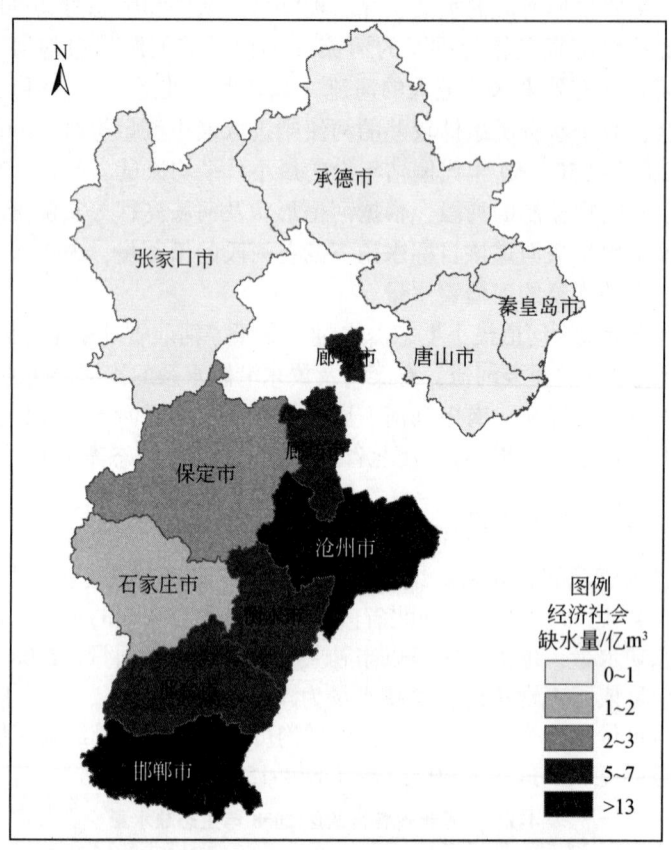

图4-1 2008年河北省经济社会缺水地区分布

如表4-16所示，各地市缺水程度与当地经济结构、水资源条件密切相关。河北省缺水最严重的邯郸、沧州、衡水以及廊坊也是省内天然降雨条件最差、人均水资源量最少的四个市。在全省缺水程度排位居中的保定，尽管农业有效灌溉面积为全省最大，灌溉用水也占到社会经济用水总量的72%，但是由于水资源条件稍好，缺水率低于前述四市。秦皇岛、张家口、承德三市由于人均水资源量相对较大，地理条件不适合开展农业种植，有效灌溉面积少，缺水量位于全省后三位。可以看出，降雨资源与土地资源的不匹配也是河北省缺水问题突出的一个重要原因。

表 4-16 河北省各市社会经济状况及缺水情况

地级市	人均水资源量/m³	人口比例/%	有效灌溉面积比例/%	GDP 比例/%	缺水率/%	缺水量排名
邯郸	179	13	12	12	45	1
邢台	215	10	11	6	23	5
石家庄	220	14	11	17	6	7
保定	282	16	15	10	8	6
沧州	197	10	11	11	50	2
衡水	161	6	10	4	27	4
廊坊	201	6	6	6	38	3
唐山	333	10	11	20	2	8
秦皇岛	582	4	3	5	6	10
张家口	456	6	6	4	5	9
承德	1 036	5	3	4	5	11
全省平均	299	—	—	—	21	—

4.2.2 分类型缺水空间分布及分析

4.2.2.1 农业缺水分布及分析

河北省现状农业缺水分布见图 4-2。从图上可以看出，河北省农业缺水集中于邯郸、邢台、衡水、沧州和廊坊。

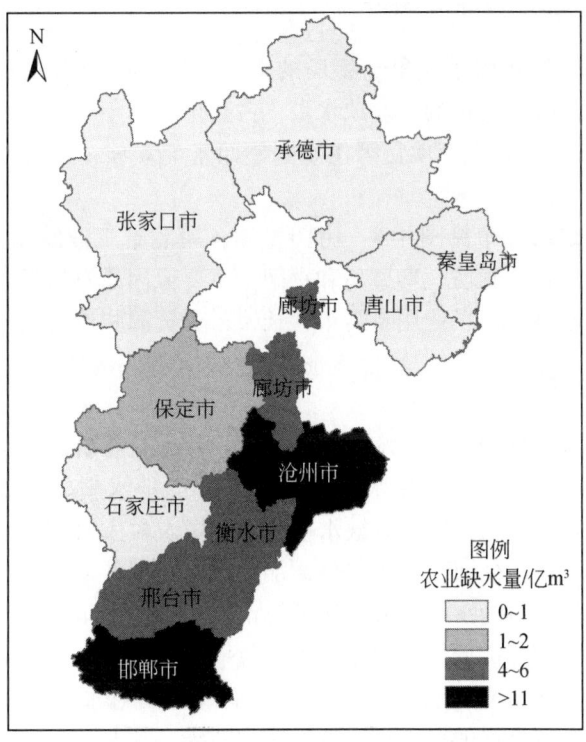

图 4-2 2008 年河北省农业缺水地区分布

农业灌溉水量有两个来源,一是直接利用天然降雨,二是进行人工灌溉。上述城市恰恰是全省人均水资源量和多年平均降雨量较少的5个城市(表4-17),多年平均降雨量少,农田作物可直接利用的有效降雨量少,加之灌溉面积大,导致对人工灌溉水量需求增多。在人均水资源量少的区域,水资源系统承载的主体竞争越发强烈,位于用水竞争金字塔底端的农业用水在竞争中处于劣势,供水量不足,造成农业缺水严重。

表4-17 河北省农业缺水空间分析数据

行政区	人均水资源量/m³	多年平均降雨量/mm	有效灌溉面积占全省比例/%
邯郸	179	500	12
邢台	215	470	11
石家庄	220	500	11
保定	282	460	15
沧州	197	540	11
衡水	161	470	10
廊坊	201	470	6
唐山	333	560	11
秦皇岛	582	630	3
张家口	456	410	6
承德	1 036	500	3
全省平均	299	—	—

4.2.2.2 工业缺水分布及分析

虽然工业系统用水处于用水竞争金字塔的上端,但是由于河北省及其短缺的资源状况,2008年全省存在1.96亿 m³的工业缺水量,占到全省当年工业用水总量25.19亿 m³的7.8%。同时,还有部分工业生产项目因供水限制而未能立项,本研究中这部分缺水量未统计在内。

河北省现状工业缺水分布见图4-3。由图可知,河北省工业缺水主要集中于石家庄、沧州、衡水,其次为邢台、廊坊、秦皇岛和承德。主要原因是石家庄、沧州、衡水是河北省的三个工业发展中心城市,工业用水需求增长快,受资源胁迫明显。

4.2.2.3 生活缺水分布及分析

由于城市生活供水条件较好,缺水现象不明显,故此处所讲的生活缺水主要指农村生活缺水。2008年,河北省农村生活缺水量为3.4亿 m³,缺水率高达26%。其中,按定额计算的生活缺水如图4-4所示,这部分缺水主要与区域农村人口数量和当地水资源本底条件有关。邯郸市农村人口位列河北省第二位,加之水资源条件差,导致这部分农村生活缺水量最高。保定市农村人口为901万人,比邯郸市农村人口多很多,但由于水资源条件略好,农村生活缺水量较邯郸市低,省内位于第二位。

河北省近年来由于工农业迅速发展,点源、面源污染对水环境造成了严重破坏。衡水、沧州及廊坊几乎没有合格的可以利用的地表水资源。平原区人口密集,城镇化率低,

第 4 章 | 河北省现状缺水的系统识别及诊断

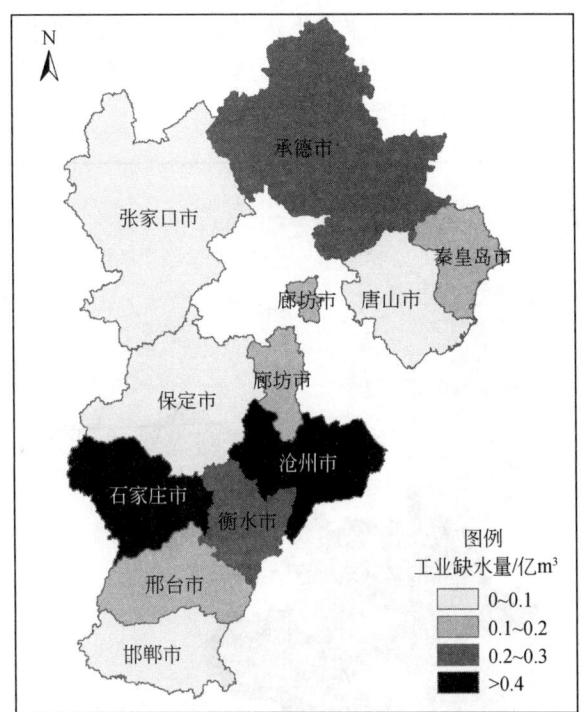

图 4-3 2008 年河北省工业缺水地区分布

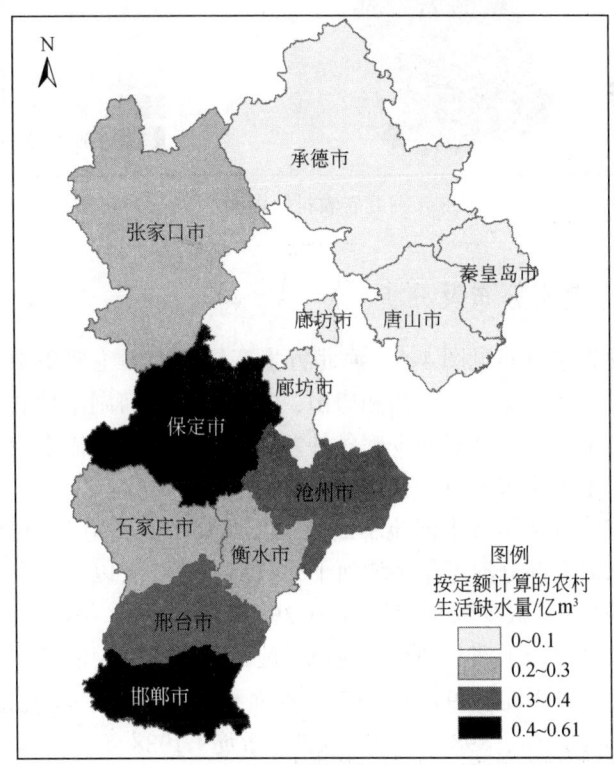

图 4-4 2008 年按定额计算的农村生活缺水量

农村人口数多，农村生活用水主要以开采地下水为主，加之农村地区供水设施不完备，导致大量饮水不安全人口。因此，河北省因水质不达标导致的农村生活缺水主要分布于平原区，尤以保定、邯郸两市为最（图4-5）。

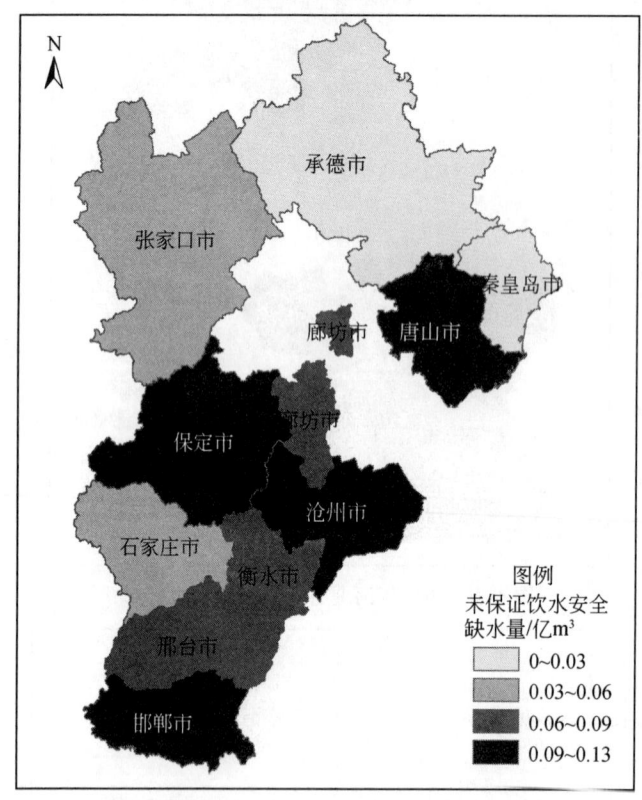

图4-5 2008年河北省农村饮用水不安全地区分布

4.2.2.4 生态缺水分布及分析

河北省现状工业缺水分布见图4-6。河北省生态缺水地区主要集中在平原区，最为严重的地区是保定，其次为石家庄、沧州和唐山，主要表现为河湖湿地萎缩、入海水量严重衰减，地下水严重超采。由于水资源本底条件差，社会经济用水需求大，长年一直靠挤占生态环境用水、超采地下水来维持社会经济发展。

近年来，河北省境内常年有水河流不断减少，尤其平原河道几乎全部干涸。据统计，自20世纪70年代以来大部分河道年平均河干天数都在300天以上。平原湿地覆盖面积已由20世纪50年代的2.9%减少到80年代的0.2%。一些洼淀、湖泊由于上游水库的拦蓄截断了湿地水源，大多已经干涸。现存湿地白洋淀、千顷洼、大浪淀等均面临干涸及水污染困境。"华北明珠"白洋淀，1949～1965年水面积为2.73万hm^2，1966～1979年降至1.60万hm^2，减少了41.4%，1980～1987年连续干淀，1988年重新蓄水后又曾几次面临干淀威胁。近年来有些洼淀已干涸，被辟为农田，只有在特大水年份才调蓄洪水，如宁晋泊、大陆泽、永年洼等。目前能维持一定水面面积的只有三个洼淀，即白洋淀、千顷洼和大浪淀（平原水库）。白洋淀位于保定，千顷洼和大浪淀位于沧州和衡水境内，导致这三个城市河道生态缺水量相对较大。

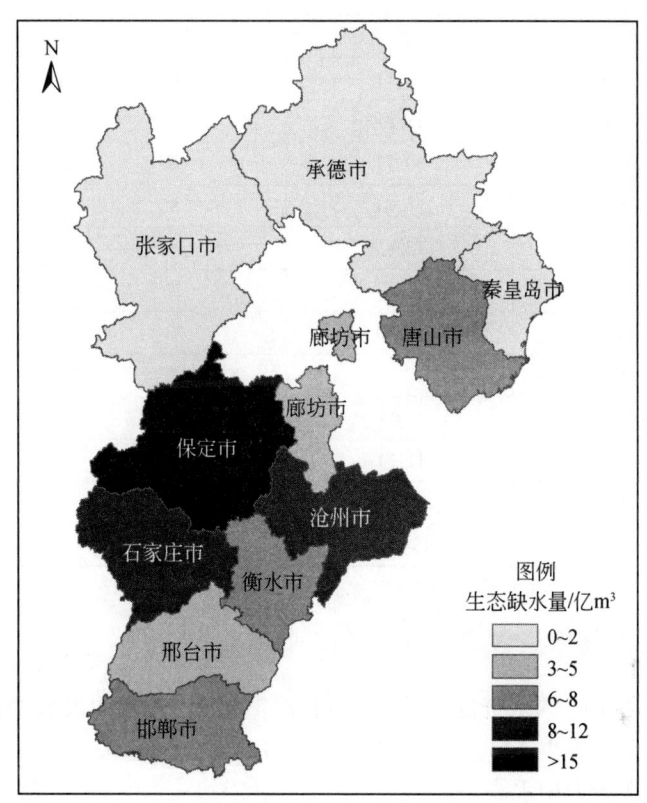

图 4-6　2008 年河北省生态缺水地区分布

京津以南平原累计超采地下水已逾 1000 亿 m^3。超采造成山前平原第一含水层组局部疏干，疏干面积已超过 $1700km^2$，且形成了大范围地下水位降落复合漏斗。其中，浅层地下水漏斗 11 个，漏斗总面积 $3133km^2$，深层地下水漏斗 7 个（沧州、青县、黄骅、任丘、冀枣衡、廊坊、霸州），面积达 4.4 万 km^2，沧州漏斗 2003 年年底中心埋深已达 95.62m。与 1990 年同期比较，平均下降幅度大于 20m 的区域主要集中在沧州漏斗和冀枣衡漏斗分布的区域内，包括沧州市区、衡水市区及冀州、枣强、南宫等市县。

4.3　河北省缺水系统诊断分析

4.3.1　程度划分

如表 4-18 所示，2008 年河北省平均现状社会经济缺水率为 21%，其中邯郸、沧州、廊坊三个城市缺水率均在 35% 以上。沧州市人均缺水量最高，为 $186m^3$，甚至接近当地人均水资源量。此次研究分别从人均水资源量、城市缺水率和综合缺水率的角度对河北省缺水程度进行了分析。

表 4-18 2008 年缺水量分析

行政区	缺水量/亿 m^3	供水量/亿 m^3	现状缺水率/%	人均缺水量/m^3
邯郸	13.95	17.11	45	158
邢台	5.33	18.31	23	77
石家庄	1.80	30.77	6	18
保定	2.61	31.64	8	24
沧州	13.00	12.83	50	186
衡水	5.95	16.13	27	139
廊坊	6.29	10.30	38	153
唐山	0.61	27.59	2	8
秦皇岛	0.55	8.80	6	18
张家口	0.57	11.31	5	13
承德	0.53	10.16	5	15
全省合计	51.19	194.95	21	73

4.3.1.1 按人均水资源量划分

按照前述 Falkenmark 的水资源紧缺指标划分，全河北省人均水资源量远低于 500m^3，属于极度缺水地区。尽管生态环境用水被严重挤占、地下水超采严重、水生态急剧恶化，社会经济系统仍存在较大用水缺口。

4.3.1.2 按城市缺水率划分

前人依照城市缺水率对城市缺水程度进行了划分，认为当缺水率小于 5%，城市基本不缺水；当缺水率为 5%~10%，城市属于轻度缺水；当缺水率为 10%~20%，城市属于中度缺水；当缺水率大于 20% 时，城市处于重度缺水状态（赵勇等，2006）。对于河北省，仅从社会经济缺水角度衡量，靠超采地下水部分作为城市用水系统缺水来考虑，2008 年城市生活、二产、三产以及城市生态环境缺水量共计 10.9 亿 m^3，城市缺水率为 29%，按照上述评价标准，属于重度缺水。

2006 年试行的《旱情等级标准》中指出，城市干旱等级按照城市缺水率以 5%、10%、20%、30% 为分界线分别划分为轻度干旱、中度干旱、重度干旱和特大干旱。按照这一标准划分，河北省城市缺水属于重大干旱，并接近特大干旱。由于河北省水资源严重短缺，处于用水竞争优势的城市用水系统也受到供水短缺的严重影响，当地开源节流已不能从根本上解决问题，破解缺水问题仍需极大投入。

4.3.1.3 按综合缺水率划分

目前,对于按照综合缺水率进行缺水程度划分还没有统一标准。马黎和汪党献(2008)采用的是模糊层次综合评价法。缺水指标标准及其隶属度见表4-19,综合隶属度评价分级标准见表4-20。

表4-19 缺水指标标准值及其隶属度

指标	1	0.9	0.7	0.5	0.3	0.1	0	权重
缺水率/%	≥25	25~10	10~5	5~2	2~1	1.0~0.5	0.15~0	0.331
人均缺水量/m³	≥115	115~40	40~20	20~10	10~5	5~2	2~0	0.336
缺水损失/(元/m³)	≥35	35~15	15~10	10~7.5	7.5~5.0	5.0~2.5	2.5~0	0.333

表4-20 综合隶属度分级标准

隶属度分级标准	≥0.8	0.8~0.7	0.7~0.5	0.5~0.2	≤0.2
综合评价	严重缺水	较严重缺水	轻微缺水	基本平衡	不缺水

2008年,河北省经济社会综合缺水率为21%,人均缺水量73m³,按上述标准,属于严重缺水地区。

4.3.2 综合成因分析

(1) 资源禀赋和自然条件是区域缺水问题的客观基础

河北省全省多年平均降水量为532mm,是北方东部几个相邻省市中降水量最低的省份,人均水资源量仅约300 m³,是全国较大省份中人均水资源量最少的省份。河北省地处气候变化敏感区,加上强烈人类活动和上游省份取用水增加的影响,自产水资源和入境水量衰减幅度也是全国最为严重的。在外流域引水条件方面,尽管黄河水量分配方案中河北省(及天津市)有20亿 m³黄河水量指标,但由于河北没有引黄专用通道,缺乏自主管理、调度的条件,加之冬四月引水与农业灌溉时间极不匹配,因此引黄入冀工程实施15年以来,河北省累计引水30亿 m³,年平均引水量不足2.14亿 m³,远小于设计规模。自产不足、外用不力是河北省严重缺水的客观基础和主要原因。

(2) 产业结构和布局与水资源承载能力不相匹配

河北省是传统的农业大省,全省耕地面积8840万亩,其中有效灌溉面积6807万亩,农业用水占用水总量的77%,比周边几个省市都要高。2007年河北省工业增加值为6555亿元,其中高耗水工业占比61.4%,特别是以钢铁为主的冶金工业占比高达30%。空间布局上,河北省的大部分人口、耕地和工业聚集在水资源最为短缺的海河南系平原地区,是该地区特别缺水的重要因素。

(3) 水资源管理和节水力度落后于严峻的缺水形势

河北省在水资源管理和各行业节水特别是农灌节水方面在全国较为先进,部分区域已处于领先水平，如黑龙港井灌区的毛灌溉定额已降至150m³/亩左右，相当于北方各省份的1/2。但目前水资源管理和节水水平与严峻的水资源短缺形势和全面建成节水型社会要求还有较大差距，水资源总量控制和定额管理制度还有待健全，涉水事务的综合管理体制还没有完全建立。节水治污区际发展不平衡，部分县市工业水重复利用率尚达不到30%，供水管网漏失率却高达25%以上，节水器具普及率明显偏低。农业节水投入不足，有近半数的灌溉面积未实施节水，已实施的节水工程存在标准偏低和持续运行困难问题。此外，节水和治污的法律规章制度还不健全，市场经济调节手段不完善，良性节水机制尚未建立。

(4) 向北京、天津两市转让用水指标也是河北省深度缺水的重要原因

为保证北京、天津两市的用水安全和生态安全，河北省服从大局，向两市支援用水指标达19.6亿m³之多，其中官厅、密云两大水库原分配给河北省水量指标为9亿m³，后无偿转让给北京市；于桥水库原分配给河北省水量指标0.6亿m³无偿让给天津市；潘家口、大黑汀水库10亿m³水量指标跨流域划拨给天津市。引滦入津工程实施以来的1983~2007年，累计入津水量137亿m³，1980~2007年河北入官厅水库水量累计82亿m³，1980~2007年河北入密云水库水量累计126亿m³。河北省为北京、天津两市繁荣做出贡献的同时，自己也付出了巨大的代价和牺牲。

(5) 水质污染进一步加剧了水资源短缺的形势

2007年城镇工业生活废污水排放量达19.7亿t，污水集中处理率约42%，达标排放率约38%。由于河北省平原河道断流，水环境容量减少到罕见的程度，水体稀释自净能力极低，导致河流水污染状况在我国最为严重。2007年全省河流在有水监测的6920km河道中，劣Ⅴ类水质河长3453km，约占50%。河北省平原"有水皆污"，使得本来十分脆弱的水资源条件进一步恶化，加剧了缺水紧张局面。

通过以上分析可以看出，造成河北省严重缺水问题的根本症结在于区域水资源先天不足的自然条件与承载地区的经济社会规模不相适应，此外节水和水资源管理相对滞后以及水环境严重污染也在一定程度上加剧了水资源短缺的严峻形势，因此河北省的缺水问题本质上是一种严重的基础性资源危机，同时也包含着一定成分的治理危机。

4.4 河北省严重缺水的综合影响

4.4.1 经济影响

农村和农业是缺水问题的第二个主体。因此缺水对经济社会发展的第二个负面影响主要表现在因此带来的社会不公平问题。随着工业和城市用水需求的增长，一些农业供水水源被无偿转化为城市供水水源，农业灌溉用水保证率大幅下降，导致粮食生产能力出现新的"望天收"现象，如全省1978~1998年，粮食生产由1687万t增长到2917万t，而1999~2007年，粮食却回落到2841万t，其中2003年更是降低到2388万t，农村居民的农业收入不仅没有增加，反而有所减少。这种演变趋势加剧了城乡发展不均衡，导致农村

洼地现象日益突出，引起了社会不和谐问题。2008年，河北省城镇居民家庭人均可支配收入为13 441.09元，农村居民家庭人均纯收入为4795.46元，二者相差近两倍，并且这种差距仍呈增大趋势。

缺水问题也在一定程度上制约了城市和工业的发展。邯郸市是河北省最早利用地表水供应城市用水的城市，因滏阳河水源不稳，城市供水无保证，发生多次自来水厂停水事件。石家庄市从1984年开始出现水荒，水源井供水能力不足，迫使全市实行低压供水。城市缺水影响城市工业生产，而且严重影响城市工业的发展。由于缺水，很多重点工业项目不能按需批准立项，主要涉及骨干电力项目和重要的化工、建材、造纸等项目，使得能源条件和环境较好的河北中南部平原地区长期严重缺电。石家庄、保定、邯郸、邢台和沧州是"一五"至"五五"五个五年计划的重点投资建设地区，县以上工业的发展明显高于其他地区，但"六五"以来，基本未上大中型建设项目，其主要原因是城市缺水。缺水使得大项目不能上马，影响了投资拉动，而且缺电制约着工业发展。

改革开放以来，河北省经济一直处于快速发展时期，1978~2007年全省GDP年增长率为10.4%，其中2000~2007年仍保持高于10%的年增长率，这在一定程度上掩盖了河北省缺水的实际状况和负面影响。深入分析这种增长的构成和成本可以发现，这种发展主要是由处于用水竞争金字塔顶端的二产、三产高速增长带来的，并付出了两大代价：一方面是生态环境破坏和资源过度开发，另一方面是农业和农村的发展减缓甚至倒退。目前，这种牺牲或是转换式发展模式也已经难以维系，缺水已经开始波及金字塔顶端的城市和工业，从而深刻影响和制约着整个经济社会系统的可持续运行。

4.4.2 社会影响

河北省农村居民饮水不安全是河北省缺水问题在经济社会层面的突出反映，2008年全省农村饮水不安全人口仍有2324万人，占农村总人口的43%，其中水质不达标人口1538万人。水质不达标是河北省农村饮水不安全的主要方面，主要分布在平原和坝上高原，其他不安全问题呈零星分布，以山区为主。饮水不安全问题已经严重影响了当地居民的身体健康和生活秩序，甚至成为区域社会不和谐的主要因素。

4.4.3 生态与环境影响

依据缺水的梯度理论，在传统的价值观和水资源开发利用模式下，生态和环境是缺水的首要承受主体。河北省生态环境缺水一方面表现为基本的生态环境用水不能得到有效保障引起的水生态和环境质量整体退化现象，包括河湖萎缩干涸、湿地大幅度退化、入海水量急剧减少，水生态系统已经濒临崩溃的边缘；另一方面表现为水资源的开发利用已远远超出了水循环系统的再生能力。河北省地表水开发利用率达到70%左右，居全国最高，地下水年均超采量45亿 m^3，占全国超采量的20%左右。生态环境系统的退化和对于经济社会发展的负面影响是不言而喻的，突出表现在区域生物多样性减少、生存环境恶化和社会净福利降低、生产和经济建设环境恶化、水资源利用不可持续等。

综上，对于河北省缺水问题可以做出如下基本判断：河北省属于典型的、严重的资源型缺水地区，现状缺水已经在各个层次的用水主体有明显的体现，不仅表现为严重的生态与环境缺水和地下水的深度超采，同时农村人口饮水不安全和农业灌溉缺水问题也十分突出，并且开始向城市和工业领域蔓延。随着未来流域产水量的衰减和区域用水需求的增加，今后一个时期河北省水资源供需矛盾还会进一步激化。缺水问题已经成为制约河北省经济社会可持续发展的基础性、全局性和战略性的问题。

河北省是全国缺水问题最为严重的省份，其缺水程度之深、范围之广、影响之大在全世界也十分罕见，目前已经进入危急状态。缺水的承受主体主要是缺乏代言人的生态和环境以及处于弱势地位的农村和农业，城市工业发展也存在很多历史遗留问题，深刻影响到了河北省经济发展的可持续性和社会的和谐度。缺水问题对于河北省甚至不再是一个单纯的资源问题和经济问题，而是已上升成为一个生态问题、民生问题和社会问题，是关系到河北省发展乃至生存的根本性问题。对于河北省解决缺水问题的好坏和快慢，已成为检验党和政府执政能力的重要标尺。政府和相关部门必须从对人民负责的高度，以科学发展观为指导，坚持改革创新，以超常的勇气、科学的方法和巨大的投入全力解决好这个事关全局的问题。

第 5 章 河北省水资源演变与分项调控措施分析

5.1 区域水资源演变情势分析

5.1.1 气候变化和人类活动影响分析

5.1.1.1 气候变化影响

愈来愈多的观测和研究证明,人类活动影响着大气中温室气体的浓度,造成全球尺度的气候变化,直接影响到流域水循环的降水输入和蒸散发输出等。河北省是全球气候变化敏感区,《中国应对气候变化国家方案》指出:"中国水资源对气候变化最脆弱的地区为海河、滦河流域。"多个气候模式预测结果表明,我国北方地区今后一个时期气温仍将持续升高,2020 年北方地区气温将比 2000 年升高 1.3~2.1℃,但降水变化的趋势不明显。气温升高引起蒸散发加大,将导致地表、地下水资源量的进一步衰减。根据中国水利水电科学研究院研究结果,不考虑降水变化,海河流域气温每升高 1℃,蒸发量将增加 1%,水资源量将减少 5%~8%。气温升高在减少径流性水资源量的同时,还将增加以种植业为主的灌溉需水量,增加干旱灾害发生的概率,导致特殊干旱年和连续干旱年的出现,这对河北省严重的缺水形势无异于雪上加霜。

5.1.1.2 下垫面变化影响

人类活动导致的下垫面变化对于流域水循环过程影响是全面而深刻的,具体包括地质类、地貌类、覆被变化类以及人为建筑物下垫面的改变。地质类要素受人类影响的主要是水体,如地表水体开发和人工水体湖泊水库的修建等;地貌类要素多指人类活动可能会在对局部地貌进行改造,如坡改梯、地形平整等;覆被变化主要包括土地利用的变化、水土保持工程、荒漠化、森林砍伐和过度放牧等;人为建筑物包括城市化面积的扩大、道路渠系等。以上人类活动不仅改变了流域水循环中的地面流、壤中流和地下径流等各径流成分的比例与径流量,同时全面改变了流域水循环的产流特性、汇流特性、蒸散发特性,甚至局地的降雨特性。

20 世纪 80 年代以来,由于人类活动的影响,河北省下垫面条件等因素发生了变化,导致地表水与地下水资源均呈减少趋势。按 1956~2008 年系列分析,河北省多年平均水资源总量为 188 亿 m³,其中地表水资源量为 110 亿 m³,地下水资源量为 125 亿 m³。与 1956~1984 年系列相比,水资源总量、地表水及地下水资源量分别减少 20.9%、27.4%、15.5%。

5.1.1.3 人工取用水影响

人工取用水的增加直接导致下游断面实测径流量的减少，不可避免地改变着天然流域水循环的产流、汇流、下渗等过程，甚至有可能改变江河湖泊联系，同时地下水的大量开采使得浅层、深层水交互在一起，改变了水循环的转换路径。

据统计分析，1986~2008年全省用水量为195亿~230亿 m^3，不仅大大超过了多年平均可利用量170亿 m^3，而且也超过多年平均水资源总量188亿 m^3。引黄及南水北调外调水的进入，大大改变了河北省江河湖泊的水力联系。由于地表水资源严重匮乏，地下水资源就成了维持河北省经济发展的主要水源。自20世纪70年代大规模开采地下水以来，先是中东部平原超采深层水，逐步发展到太行山山前平原区超采浅层淡水。至2008年年底，河北省浅层地下水累计超采629亿 m^3，深层地下水累计超采742亿 m^3。由于长期过量开采，地下水位持续下降，形成了众多连片的地下水漏斗。目前，整个华北地区浅层地下水漏斗超过2万 km^2，深层地下水漏斗7万 km^2，大大改变了地表水和地下水的相互转换关系，不利于地下水补给量和资源的形成。

5.1.2 水资源演变情势预测分析

5.1.2.1 当地产水量演变

近50年来，河北省年平均气温总体上呈现上升趋势，平均每10年升高0.3~0.4℃；年平均蒸发量呈现下降趋势，平均每10年下降62mm；年平均降水量逐渐减少，平均每10年减少15mm。根据全省1212个测站的资料统计，全省平均降水量从20世纪50年代至80年代逐渐减少，减幅为79.7mm，平均每10年减少26.6mm，其中山区减幅比平原大。全省多年平均水资源量为204.9亿 m^3，总体来看水资源量呈逐渐减少的趋势。

经多个气候模式预估，未来50年河北省降水量将比1961~1990年增加3%~10%，年气温将升高0.4~2.3℃。根据未来气候变化对水资源量的预测，2030年河北省在降水量增加4%~12%、气温升高1.1~1.4℃的条件下，全省水资源量为200.9亿~232.3亿 m^3；2050年河北省在降水量增加4%~14%、气温升高1.7~2.2℃的条件下，全省水资源量为194.3亿~221.2亿 m^3。

5.1.2.2 入境水量演变

河北省地处海河下游地区，近年来随着上游地区产水量的减少和取用水量的增加，入境水量大幅度衰减，21世纪以来平均入境水量仅为22.6亿 m^3，不足20世纪50年代的1/4。今后一个时期，上游山西等省区仍将继续推进工业化和城镇化进程，用水需求量会进一步增加。如根据山西水资源综合规划，山西省全省2020年供水总量将将达到75亿 m^3，较2008年增加16亿 m^3。其中，在吴家庄水库，山区生态建设会进一步加强。如果没有强力的流域省际分水管理，河北省的入境水量来水还会继续减少。根据"海河流域水资源综合规划"成果，据初步估计，仅水土保持一项，在山区水土流失基本得到治理的情况下，山区地表径流量还将减少约10%。

5.1.2.3 用水需求演变

从经济社会的发展阶段来看，河北省还处于工业化和城镇化前期阶段，尚未进入用水"零增长"时期，今后一个时期内经济社会用水需求还将持续增长。国家宏观经济发展格局中，对河北省有两大基本功能定位：一是国家粮食安全保障战略中的定位。考虑到河北省的粮食生产条件和农民种粮传统优势，在国家制定的增产1000亿斤粮食计划中，国家分配给河北省的任务是41亿斤，而河北省粮食增长最有潜力的地区恰恰是水资源最贫乏的黑龙港地区。二是在国家宏观经济布局中，环渤海经济带已作为继长江三角洲、珠江三角洲后全国经济增长的"第三极"，河北省作为环渤海经济区中的重要一员，在迎来经济社会快速发展机遇的同时，对用水保障提出了更高的要求。此外，为落实科学发展观，保障京津冀共生生态圈安全，河北省已经全面启动生态省建设，生态与环境用水量也会有新的需求。可以预见，今后一个时期，河北省经济社会发展的用水需求将会有新的内容和挑战，水资源供需矛盾形势会更加严峻。

5.2 各项调控措施潜力与成本分析

5.2.1 节水潜力与成本分析

需水管理和用水节约是缓解河北省缺水的主要途径，具体包括宏观和微观两个层面的内容。

(1) 宏观节水分析

宏观节水是指产业结构和布局优化调整导致的用水需求量减少。河北省三次产业中农业比例过大，农业中高用水、低附加值的粮食种植比例过大，工业中高耗水的重型化和初级化工业比例过大，因此河北省经济整体属于高用水经济。适应区域水资源承载能力、优化产业结构、构建省水高效型结构经济体系是缓解河北省严重缺水问题的重要途径和迫切任务。但另一方面，河北省经济产业结构是基于一定客观基础上长期形成的，包括自然资源禀赋和宏观生产力布局。农业上，河北省人口众多，自身粮食需求量大，全省的城镇化水平较低，2008年较全国平均水平低4.75个百分点，农民种粮积极性高，同时国家对河北省又有明确的粮食安全保障任务，因此种植结构调整的难度大。工业上对于资源依存度较高、结构趋于重型化、企业竞争力弱、规模低度化，调整的难度很大。必须深刻认识河北省情和水情，制定促进节水减排的产业政策，有目的、有步骤地大力推进，实现经济和产业结构的优化转型。

(2) 微观节水分析

微观节水是指各行业通过节水工程、技术推广和用水管理产生的节水。河北省现状微观用水效率整体较高，全省现状农业灌溉水利用系数为0.63，工业平均水重复利用率已达

80%以上。但在许多方面仍有一定节水潜力，如全省公共供水管网漏损率为17%，节水器具普及率也仅65%，部分县级市工业水重复利用系数不足0.3。今后河北省的节水重点还在农业，同时加强工业水的循环利用，普及和推广生活节水器具。对于河北省微观节水，需要有三点特别需要说明之处：一是河北省78%的供水主要是地下水，区域节水能够缓解当地水超采，但一般不能实现区际的置换和调控；二是对河北省来说，资源型节水才是真实节水，但资源型节水的难度很大，潜力也有限，只有通过ET管理①才能实现；三是节水也是一项经济活动，其边际成本是随着节水的不断深入而递增的，节水越到后期，投资就会越大。

(3) 不同行业节水成本分析

节水分为工程节水量和资源节水量，河北省农业资源节水量约占工程节水量的二分之一，而生活和工业资源节水量占的比例更低一些。全省农业节水工程近期（2015年）节水量7.61亿 m^3，节水成本为1.12元/m^3，远期工程节水量5.19亿 m^3，节水成本为1.50元/m^3。换算成耗水口径的"真实节水"，其成本将提高一倍。全省工业和生活近期节水成本为1.60元/m^3，远期（2030年）节水成本为1.90元/m^3。公共管网和生活节水器具改造近期节水成本为1.69元/m^3，远期工程节水成本为2.04元/m^3。

5.2.2 当地开源潜力与成本分析

河北地表水资源量为120亿 m^3，50%频率降水年份地表水资源可利用量为52亿 m^3。目前，地表水资源开发利用量为40亿~60亿 m^3，整体已远远超出了合理的开发利用程度。而近十年平均入海水量仅有4.2亿 m^3，并引发了一系列严重的生态和环境问题。但水资源区域之间并不均衡，在滦河流域、承德地区仍有少量的开源潜力，约为1.5亿 m^3。全省地下水资源量122.6亿 m^3，目前地下水开采量为160亿~170亿 m^3，年均超采约为45亿 m^3，整体已没有开源潜力。但由于区域不均衡，山区和东部平原还有少量潜力，约为9亿 m^3。这部分水资源开源难度较大，成本较高，据初步测算，单方（1m^3）水利用的成本在5元以上。

5.2.3 非常规水利用潜力与成本分析

河北省的非常规水源主要包括再生水、海水和苦咸水。2008年全省城市和工业年用水量约为36亿 m^3，废污水排放量为20亿 m^3，目前全省收集处理率为42%，工业、城市的直接回用率不足10%。事实上，从河北省入海水量来看，省内无论是处理后入河排水量还是直接排河的污水量，都已经被农业灌溉等所利用。因此污水的处理回用主要是规范用水主体和提高回用水质量，而在新增水量方面无太大潜力。受地理条件和处理成本的限制，海水主要用于沿海工业冷却和淡化。目前河北省海水直接利用规模为3.65亿 m^3，今后主要是秦皇岛市、唐山市、黄骅市沿海工业发展需水可利用海水，根据需求预计2020年可

---

① ET管理是通过减少蒸腾、蒸发达到"真实节水"的管理。

以发展到 2.65 亿 m³，可置换出相应水量的淡水资源。河北省苦咸水主要分布在黑龙港运东地区，微咸水主要用于农业灌溉，处理后用于生活。根据资源量和需求量，预计 2020 年利用量可以增长到 4.3 亿 m³。

河北省污水二级处理成本约 0.80 元/m³，如果加上到田间的输水成本，约 1.20 元/m³。雨洪资源利用的理论成本为 0.75 元/m³，但保证率低，利用比较困难，只能在特殊年份、特定地点适当利用，不能大规模开发为常规水使用，具有一定的局限性。海水淡化成本为 4.00~6.00 元/m³，受成本和地域限制，只能用于沿海的工业。

5.2.4 区外开源规模与成本分析

外调水包括引江水和引黄水，分配给河北省的水量规模已经确定。其中，南水北调中线引江水一期分配给河北省 30.4 亿 m³（总干渠分水口水量），主要供给工业和城市。由于替代超采的地下水，实际用水主要取决于配套工程和管理体系的建设。引黄水分配给河北省的（及天津市）指标为 18.44 亿 m³（黄河渠首水量）。从供水目标范围来看，黑龙港地区完全有能力消化这些水量，关键是引黄工程体系和管理制度完善。

南水北调中线工程虽然具有一定公益性，但目前仍以市场操作为主，河北省口门水价达 1 元/m³ 以上，供水目标为工业和城镇。供水目标和水价都有其特殊性。引黄工程大部分利用现有工程，输水距离较近、水量大、见效快，近期成本为 0.432 元/m³，远期为 0.393 元/m³，不仅可以补充农业灌溉，还可补充地下水约 7 亿 m³。

5.2.5 管理效果与成本分析

(1) 水资源配置分析

水资源配置是提高水资源整体利用效率的重要措施。从河北省实际出发，今后水资源配置主要体现在两个方面：一是不同供水水源与用水主体之间的分质配水，主要城市再生水的合理配置与规范利用。从河北省的实际情况来看，今后应当重点将城市自己不能消化的达标的再生水用于农业灌溉和生态系统，建立起城市与农村的水循环系统，同时在咸水地区推行咸淡混交，实现水资源的高效利用。二是区域之间的系统配置，重点是受水区和非受水区配置，受水区在接受外引水的基础上，利用外调水置换出一部分地下水超采量，在有条件的情况下考虑置换出一部分当地地表水资源还给当地农业。

(2) 用水管理分析

河北省应对缺水的管理措施主要包括三方面：一是加强对水资源开发利用的管制，包括强化水资源论证、取水许可和计划用水，实现用水总量控制和定额管理，减少取用排水的外部性并提高水资源利用效率。二是实行有效的经济调节，包括水价调节、节水激励机制建设、市场交易制度等。对于河北省这样的特殊严重缺水地区，必须创新经济调节手段，发挥市场对于资源的配置作用。三是通过宣传教育提高公众节水意识，实现自觉节水。这是节水的高级层次，但公众自觉节水意识的形成需要一个循序渐进的过程。

(3) 配置和管理措施成本分析

水资源管理、水价改革、水务体制改革、宣传教育属于软措施，但对于水资源的优化配置、高效利用和有序开发具有重大作用，其投入小、易见效，但成本和收益难以进行定量核算，应当作为一项常抓不懈的任务对待。

由上述分析可见，综合水量、成本以和生态环境效益等多方因素，今后一个时期河北省应对严重缺水应优先实施引黄工程，以缓解当前严重缺水局势，其次要加快水务体制改革，解决水利发展中的深层次问题，使水利发展走上良性、快速发展的轨道，同时采取开源、节流、保护等综合措施，整体应对目前面临的水危机。

第6章　河北省水资源合理配置与供需平衡研究

6.1　基于全面建设节水型社会的用水需求预测

6.1.1　经济社会发展预测

6.1.1.1　人口及城镇化水平预测

根据河北省计划生育委员会对全省人口进行的初步预测，结合《河北省城镇体系建设规划》，全省总人口 2015 年和 2020 年分别为 7222 万人和 7429 万人。各行政分区总人口考虑了人口的自然增长因素和机械增长因素及各市有关规划。全省总人口预测成果见表 6-1。

在全省人口预测的基础上，按照《河北省城镇体系建设规划》，对河北省 11 个设区城市、22 个县级城市、114 个县及建制镇分别进行了人口预测。2015 年，全省城镇人口将达到 3702 万人，城镇化率将达到 51% 左右；2020 年，全省城镇人口将达到 4234 万人，城镇化率将达到 57% 左右（表 6-1）。

表 6-1　河北省人口及城镇化水平预测

行政分区	2015 水平年 总人口/万人	城镇人口/万人	城镇化率/%	2020 水平年 总人口/万人	城镇人口/万人	城镇化率/%
邯郸	918	403	44	947	468	49
邢台	723	349	48	744	397	53
石家庄	1 022	641	63	1 071	730	68
保定	1 098	463	42	1 089	529	49
沧州	734	306	42	753	348	46
衡水	447	209	47	455	235	52
唐山	764	506	66	791	582	74
秦皇岛	295	154	52	300	172	57
廊坊	414	293	71	449	328	73
张家口	446	229	51	453	265	58
承德	361	149	41	377	180	48
合计	7 222	3 702	51	7 429	4 234	57

6.1.1.2　国民经济发展指标预测

(1) 国民经济发展特点及与水资源的关系

新中国成立 50 多年来，河北省经济快速增长，GDP 年均增长 7.9%。从 20 世纪 90 年代起，河北经济增速连续多年超过全国平均水平，是全国经济发展较快的省份之一。1994年河北省已提前6年实现了到20世纪末全省生产总值比1980年翻两番的战略目标，2008年河北省GDP达1.6万亿元。

水资源对河北省国民经济发展的贡献主要表现在：①使河北成为全国重要的粮食和农副产品生产基地；②为火电工业发展提供了水源，有力支撑了京津冀区域二次能源基地的建设；③在严重缺水地区营造了经济大省，并促进了我国北方重化工基地的形成；④为河北省中心城市建设和城镇化发展提供了水源保证，在全省经济发展和城市化进程中发挥了重要作用。

未来10年，河北省目前存在的"中高、南低、北更低"的区域经济格局不会发生根本性变化，但随着区域经济发展基础条件的变化，全省加工制造业必将加速向具有新发展优势的区域集聚，重化工产业向秦皇岛、唐山、沧州沿海地区转移，高新技术产业向太行山、燕山山前地区集中。秦皇岛、唐山、沧州沿海地区将成为河北省新的高耗水工业快速增长区域；廊坊、保定、石家庄、邯郸、邢台等山前城镇集中区，将随着经济的轻型化和集中化，成为用水需求增长相对缓慢的地区；冀中南山前平原和黑龙港地区将成为传统工业和新型农业发展用水增长区；张家口、承德地区随着生态功能的增强，将成为河北省用水需求持续平缓的地区。

（2）全省国民经济发展速度与产业结构预测

河北省发展和改革委员会宏观经济研究所提出了《河北省国民经济发展和产业结构预测研究报告》，对全省国民经济发展及产业结构进行了高、中、低3个方案的预测。高方案为适度考虑水资源和生态环境约束的河北省经济快速发展的预测方案。低方案为立足于河北省现状水资源条件和可预见的调水工程，按照尽快改善生态环境的要求，较明显放缓经济发展速度的预测方案。中方案为综合考虑了经济发展、资源短缺和环境等因素，协调发展与资源、环境之间的关系所作出的中间方案。

3个方案的国民经济发展指标及产业结构预测详见表6-2。从预测结果可以看出，高、中、低方案不同阶段的国民经济平均增长率比较接近，均呈较快的增长趋势。但由于中方案和低方案相对于高方案水资源约束的增强，导致水资源需求量大的农业、火电工业、高耗水工业等的发展速度受到了抑制，由此带来整个国民经济发展的速度放缓。

表6-2 河北省国民经济发展及产业结构预测

方案	产业	2008~2015年 增长率/%	增加值/亿元	比例/%	2015~2020年 增长率/%	增加值/亿元	比例/%
高方案	GDP	8.5	28 744	100	7.3	41 061	100
	第一产业	5.3	2 921	10	4.3	3 606	9
	第二产业	8.8	15 835	55	7.9	23 183	56
	工业	9.1	14 613	51	8.1	21 570	52
	建筑业	6.1	1 222	4	5.7	1 613	4
	第三产业	9.3	9 988	35	7.4	14 273	35

续表

方案	产业	2008~2015年			2015~2020年		
		增长率/%	增加值/亿元	比例/%	增长率/%	增加值/亿元	比例/%
中方案	GDP	8.1	27 945	100	7.3	39 867	100
	第一产业	5.4	2 941	11	4.7	3 700	9
	第二产业	8.2	15 269	55	7.5	21 929	55
	工业	8.4	13 969	50	7.6	20 147	51
	建筑业	7.0	1 301	5	6.5	1 782	4
	第三产业	8.9	9 735	35	7.9	14 238	36
低方案	GDP	7.3	26 594	100	6.9	37 300	94
	第一产业	5.1	2 883	11	4.3	3 558	9
	第二产业	7.5	14 556	55	7.1	20 598	52
	工业	7.6	13 306	50	7.3	18 925	47
	建筑业	6.4	1 250	5	6.0	1 673	4
	第三产业	7.9	9 156	34	7.5	13 144	33

6.1.1.3 农业种植结构预测

(1) 灌溉面积预测

基准年河北省全省"有效灌溉面积"6653万亩。根据《河北省灌溉发展规划》，并考虑现有"有效灌溉面积"标准较低，今后全省灌溉用水量应逐步减少或保持零增长。规划2015和2020水平年灌溉面积仍保持基准年的6653万亩，按"有效灌溉面积"的标准进行规划（表6-3）。

表6-3 河北省规划水平年规划灌溉面积　　　（单位：万亩）

行政分区	灌溉面积	行政分区	灌溉面积
邯郸	798	唐山	734
邢台	749	秦皇岛	193
石家庄	784	廊坊	415
保定	1 032	张家口	365
沧州	730	承德	171
衡水	682	合计	6 653

(2) 种植结构预测

根据《河北省农业生产结构调整与区域布局规划报告》，提出了农业种植结构调整的高、中、低3个方案。高方案基本不考虑水资源条件，追求较高的粮食产量，并大力发展蔬菜生产。该方案与河北省近年农业发展实际较为贴近，也比较符合"粮食主产省"的要求，但由于对水资源的需求相对较高，地下水超采难以遏制，不宜作为推荐方案。低方案以粮食自给为目标，大量压缩高耗水的小麦、玉米种植面积，同时限制耗水量大的作物（如蔬菜）种植面积。该方案农业结构调整幅度过大，与河北省农村现状社会条件难以快速适应，缺乏可操作性和现实可能性。中方案是将以上两种调整方案折中，以当前实际发生的农业结构调整为依据，对粮食作物进行了适度的压缩，经济作物及蔬菜增长适度，方案比较合理和可行。3个种植结构调整方案的结果见表6-4。

表6-4 河北省农业种植结构调整方案　　　　　　　（单位：万亩）

方案	水平年	粮食作物播种面积					经济作物播种面积			蔬菜面积	总计
		水稻	小麦	玉米	其他	合计	棉花	其他	合计		
现状	基准年	122	3 624	4 262	1 541	9 549	1 035	834	1 869	655	12 073
高方案	2015年	114	3 245	4 276	1 353	8 988	1 279	809	2 088	777	11 853
	2020年	107	2 974	4 287	1 218	8 586	1 453	792	2 245	864	11 695
中方案	2015年	114	3 151	3 793	1 817	8 875	1 114	962	2 076	731	11 682
	2020年	107	2 813	3 459	2 014	8 393	1 171	1 054	2 225	786	11 404
低方案	2015年	114	2 414	3 559	2 694	8 781	1 387	617	2 004	468	11 253
	2020年	107	1 549	3 057	3 518	8 231	1 638	462	2 100	335	10 666

6.1.2　节水水平预测分析

河北省节水的总目标是：实现农业用水（毛水量）零增长或负增长，工业用水弹性系数接近0.12且呈逐渐下降趋势，满足人民生活水平逐步提高的要求，三产和生活用水适度增长。

6.1.2.1　工业节水指标

河北省工业节水的重点放在火力发电、化工、造纸、冶金、纺织、建材、食品等门类，工业用水弹性系数控制在0.12之内。预测河北省工业万元增加值综合取水定额由基准年的38m³降至2015年的26m³及2020年的20m³。各行政分区不同行业规划水平年工业节水指标见表6-5。

表6-5 不同规划水平年工业节水指标　　　　　　　（单位：m³/万元）

行政分区	2015水平年	2020水平年
邯郸	35	25
邢台	24	20
石家庄	26	21
保定	26	18
沧州	21	17
衡水	22	20
唐山	23	20
秦皇岛	28	22
廊坊	18	16

续表

行政分区	2015 水平年	2020 水平年
张家口	49	37
承德	43	26
平均	26	20

6.1.2.2 农田灌溉节水指标

河北省地处水资源短缺地区，农田灌溉应当采取节水的经济定额。省内不同地区节水灌溉定额见表6-6。

表6-6　河北省农作物节水灌溉定额（$P=50\%$）　　　　（单位：m³/亩）

作物		坝上高原 张家口部分县（市）	冀西北山间盆地 张家口部分县（市）	燕山及太行山山区 承德、秦皇岛、唐山、石家庄、保定、邯郸部分县（市）	燕山山前及冀东沿海平原 唐山、廊坊、秦皇岛部分县（市）	太行山山前平原 保定、石家庄、邢台、邯郸部分县（市）	黑龙港地区 廊坊、保定、沧州、衡水部分县（市）	全省平均
水稻		—	647~757	647~757	400~475	350~400	—	447
小麦		—	—	120~135	135~150	90~100	90~100	123
玉米		120~135	135~150	40~45	45~50	45~50	40~45	60
棉花		—	—	40~45	80~90	80~90	40~45	60
蔬菜	畦灌	—	390~440	390~440	390~440	390~440	390~440	615~750
	微灌	—	230~260	230~260	230~260	230~260	230~260	380~430
油料		—	—	40~45	40~45	40~45	40~45	40

注：$P=75\%$年灌溉定额略。

河北省农业强化节水方案的重点是对井灌区全面实施低压管道输水，并对大中型灌区进行节水改造，建立总量控制和定额管理的管理制度，建设节水增效示范项目和节水增效示范县（市），以持续提高灌溉水利用系数。规划2015年全省平均灌溉水利用系数提高到0.69（指井灌、渠灌加权平均值，下同），相应节水灌溉率要达到70%左右；2020年灌溉水利用系数提高到0.73，相应节水灌溉率要达到90%左右。灌溉水利用系数预测见表6-7。

表6-7　强化节水方案灌溉水利用系数预测

分区	基准年	2015年	2020年
坝上高原	0.55	0.61	0.64
冀西北山间盆地	0.50	0.59	0.61
燕山山区	0.56	0.63	0.64

续表

分区	基准年	2015年	2020年
燕山平原及冀东沿海	0.63	0.70	0.73
太行山山区	0.58	0.66	0.67
太行山山前平原区	0.65	0.71	0.76
黑龙港低平原区	0.66	0.72	0.75
全省	0.63	0.69	0.73

注：灌溉水利用系数为井灌与渠灌加权平均值。

6.1.2.3 林牧渔畜节水指标

各分区林牧渔畜用水定额指标见表6-8。

表6-8 河北省林牧渔畜用水定额

项目		坝上高原 张家口部分县（市）	冀西北山间盆地 张家口部分县（市）	燕山及太行山山区 承德、秦皇岛、唐山、石家庄、保定、邯郸部分县（市）	燕山山前及冀东沿海平原 唐山、廊坊、秦皇岛部分县（市）	太行山山前平原 保定、石家庄、邢台、邯郸部分县（市）	黑龙港平原 廊坊、保定、沧州、衡水部分县（市）	全省平均
林果	沟灌/(m³/亩)	160	160	160	160	160	160	160
	滴灌/(m³/亩)	100~110	100~110	100~110	100~110	100~110	100~110	105
	草场/(m³/亩)	100~210	—			100~210	100~210	155
	鱼塘/(m³/亩)	450~520	430~520	540~590	530~590	550~600	560~610	585
	大牲畜/[L/(头·d)]	30~45	30~45	30~45	30~45	30~45	30~45	38
	小牲畜/[L/(头·d)]	5~25	5~25	5~25	5~25	5~25	5~25	10

6.1.2.4 居民生活用水指标

城镇居民生活用水定额根据城市的规模，参照建设部《中国城市节水2010年技术进步发展规划》成果，结合发达地区用水指标增长状况和近年全省城镇人均用水指标变化情况，并充分考虑节水技术、管理水平以及生活水平的提高因素制定。农村居民生活用水指标在基准年［49L/（人·d）］基础上，考虑逐步改善农村居民生活用水条件以及生活水平的提高。居民生活用水指标预测成果见表6-9。

表6-9　居民生活用水指标预测　　　　　　　　　　　　［单位：L/（人·d）］

行政分区	2015年 城市生活	2015年 农村生活	2020年 城市生活	2020年 农村生活
邯郸	93	60	98	60
邢台	95	62	98	62
石家庄	99	73	103	73
保定	95	71	99	71
沧州	91	71	95	71
衡水	93	52	97	52
唐山	97	79	101	79
秦皇岛	99	80	104	80
廊坊	89	69	93	69
张家口	82	61	86	61
承德	84	64	88	64
全省平均	94	67	98	67

6.1.2.5　建筑业及第三产业节水指标

参照《河北省城镇体系规划（2004~2020年）》、部分城市的城市总体规划和国家有关单位对建筑业和第三产业用水和节水指标的研究成果，结合河北省各市经济条件、建筑物类别、集中供水普及率、经济杠杆对用水的调节作用等因素，拟定了基础和强化节水的用水指标，城市管网损失情况同城镇生活。强化节水方案建筑及第三产业万元增加值用水指标见表6-10。

表6-10　强化节水方案建筑及第三产业用水指标　　　　　　（单位：m³/万元）

行政分区	2015年 建筑业	2015年 第三产业	2020年 建筑业	2020年 第三产业
邯郸	15	6	15	5
邢台	16	6	14	5
石家庄	19	8	17	7
保定	16	6	16	5
沧州	15	5	13	4
衡水	17	6	14	4
唐山	17	6	15	4
秦皇岛	20	8	18	6
廊坊	17	7	16	5
张家口	10	5	7	4

续表

行政分区	2015 年		2020 年	
	建筑业	第三产业	建筑业	第三产业
承德	13	5	11	3
全省平均	16	7	15	5

6.1.2.6 城市环境用水指标

环境用水指标包括：城市绿化用水指标、环境卫生用水指标、河湖补水指标等，各项用水指标参照海河流域城市实际用水情况以及相关规范确定，各水平年指标相同。其中，城市绿化用水指标为 3000m³/hm²、环境卫生用水指标为 900m³/hm²、河湖补水用水指标为 12 000 ~ 20 000m³/hm²。

6.1.3 用水需求预测分析

河北省经济社会发展对水资源的需求预测以人口及城镇化发展预测、国民经济发展预测、农业结构调整预测和节水水平（用水指标）预测为基础。根据前述各项发展指标和用水定额，经筛选列出 10 个方案对需水量进行预测和比较（表 6-11）。

表 6-11 需水量方案组合

序号	方案名称	社会经济发展方案组合	节水方案
1	方案Ⅰ-1	人口推荐+经济高方案+农业高方案	节水基础方案
2	方案Ⅰ-2		强化节水方案
3	方案Ⅱ-1	人口推荐+经济高方案+农业中方案	节水基础方案
4	方案Ⅱ-2		强化节水方案
5	方案Ⅲ-1	人口推荐+经济中方案+农业中方案	节水基础方案
6	方案Ⅲ-2		强化节水方案
7	方案Ⅳ-1	人口推荐+经济中方案+农业低方案	节水基础方案
8	方案Ⅳ-2		强化节水方案
9	方案Ⅴ-1	人口推荐+经济低方案+农业中方案	节水基础方案
10	方案Ⅴ-2		强化节水方案

不同方案各规划水平年需水量汇总详见表 6-12。以方案Ⅱ为例说明需水量构成（仅含城市生态环境需水），该方案为经济发展高方案与农业调整中方案组合，对应节水基础方案形成的方案Ⅱ-1，两个水平年的需水量分别为 249.1 亿 m³、271.4 亿 m³，时段增速分别为 1.51%、0.86%，人均需水量分别约为 356m³、365m³。上述方案组合，经过强化节水形成的方案Ⅱ-2，在同样经济发展高方案和农业调整中方案条件下，2015 年、2020 年的需水量分别为 232 亿 m³、242.6 亿 m³，时段增速分别为 0.79%、0.45%，人均需水量分别约为 331 m³、327 m³，比节水基础方案的需水量分别约减少 17 亿 m³、29 亿 m³。

表6-12 不同方案各规划水平年需水量汇总

(单位：亿 m³)

方案	水平年	生活-城镇	生活-农村	生活-小计	生产-电力	生产-其他工业	生产-工业小计	生产-建筑业	生产-第三产业	生产-建筑三	生产-种植业 25%	生产-种植业 50%	生产-种植业 75%	生产-林牧渔	生产-牲畜	生产-小计 25%	生产-小计 50%	生产-小计 75%	生态-城市河湖	合计 25%	合计 50%	合计 75%
基准年（实际）		8.0	9.7	17.7	3.1	26.9	30.0	1.2	2.3	3.5	—	143.8	—	9.7	4.2	—	191.2	—	1.2	—	210.1	—
方案Ⅰ-1	2015	12.1	9.5	21.6	6.7	38.4	45.1	2.0	8.8	10.8	129.4	158.6	196.1	15.3	3.7	204.3	233.5	271.0	2.8	228.8	257.9	295.4
	2020	17.1	9.7	26.8	6.8	44.4	51.2	2.8	13.0	15.8	124.4	157.4	187.0	16.6	4.5	212.6	245.6	275.1	4.4	243.9	276.9	306.4
方案Ⅰ-2	2015	10.5	9.5	20.0	5.8	32.7	38.5	1.5	5.6	7.1	125.1	153.2	189.4	15.3	3.7	189.6	217.7	253.9	2.8	212.4	240.6	276.8
	2020	15.0	9.7	24.7	5.9	37.9	43.8	2.2	7.0	9.2	114.9	145.3	172.5	15.7	4.5	188.1	218.5	245.7	4.4	217.2	247.6	274.8
节水量	2015	1.6	0	1.6	0.9	5.7	6.6	0.5	3.3	3.8	4.4	5.4	6.6	0.1	0	14.8	15.8	17.0	0	16.4	17.4	18.6
	2020	2.2	0	2.2	0.9	6.5	7.4	0.7	6.0	6.7	9.5	12.1	14.5	0.9	0	24.5	27.1	29.4	0	26.7	29.2	31.6
方案Ⅱ-1	2015	12.1	9.5	21.6	6.7	38.4	45.1	2.0	8.8	10.8	120.1	149.7	188.0	15.3	3.7	195.1	224.7	263.0	2.8	219.5	249.1	287.4
	2020	17.1	9.7	26.8	6.8	44.4	51.2	2.8	13.0	15.8	119.4	152.0	181.5	16.6	4.5	207.5	240.2	269.7	4.4	238.8	271.4	301.0
方案Ⅱ-2	2015	10.5	9.5	20.0	5.8	32.7	38.5	1.5	5.6	7.1	116.1	144.7	181.7	15.3	3.7	180.7	209.2	246.2	2.8	203.5	232.0	269.0
	2020	15.0	9.7	24.7	5.9	37.9	43.8	2.2	7.0	9.2	110.2	140.3	167.5	15.7	4.5	183.4	213.5	240.7	4.4	212.5	242.6	269.8
节水量	2015	1.6	0	1.6	0.9	5.7	6.6	0.5	3.3	3.8	4.0	5.1	6.4	0.1	0	14.4	15.5	16.8	0	16.0	17.1	18.4
	2020	2.2	0	2.2	0.9	6.5	7.4	0.7	6.0	6.7	9.1	11.7	14.0	0.9	0	24.1	26.6	29.0	0	26.3	28.8	31.1
方案Ⅲ-1	2015	12.1	9.5	21.6	6.7	35.3	42.0	2.2	7.8	10.0	120.1	149.7	188.0	15.3	3.7	191.2	220.8	259.1	2.8	215.6	245.2	283.5
	2020	17.1	9.7	26.8	6.8	38.9	45.7	3.4	12.1	15.5	119.4	152.0	181.5	16.6	4.5	201.7	234.4	263.9	4.4	233.0	265.6	295.2

续表

方案	水平年	生活 城镇	生活 农村	生活 小计	生产 电力	生产 其他工业	生产 工业小计	生产 建筑业	生产 第三产业	生产 建筑三产	生产 种植业 25%	生产 种植业 50%	生产 种植业 75%	生产 林牧渔	生产 牲畜	生产 小计 25%	生产 小计 50%	生产 小计 75%	生态 城市河湖	合计 25%	合计 50%	合计 75%
方案Ⅲ-2	2015	10.5	9.5	20.0	5.8	30.1	35.9	1.7	5.0	6.7	116.1	144.7	181.7	15.3	3.7	177.6	206.1	243.1	2.8	200.4	229.0	266.0
	2020	15.0	9.7	24.7	5.9	33.2	39.1	2.6	6.5	9.1	110.2	140.3	167.5	15.7	4.5	178.7	208.8	236.0	4.4	207.8	237.9	265.1
节水量	2015	1.6	0	1.6	0.9	5.3	6.2	0.5	2.9	3.4	4.0	5.1	6.4	0.1	0	13.7	14.7	16.0	0	15.3	16.3	17.6
	2020	2.2	0	2.2	0.9	5.7	6.6	0.8	5.6	6.4	9.1	11.7	14.0	0.9	0	23.0	25.6	27.9	0	25.2	27.7	30.1
方案Ⅳ-1	2015	12.1	9.5	21.6	6.7	35.3	42.0	2.2	7.8	10.0	100.8	132.5	173.7	15.3	3.7	171.9	203.8	244.8	2.8	196.3	228.0	269.2
	2020	17.1	9.7	26.8	6.8	38.9	45.7	3.4	12.1	15.5	96.3	131.4	164.1	16.6	4.5	178.7	213.8	246.4	4.4	210.0	245.1	277.7
方案Ⅳ-2	2015	10.5	9.5	20.0	5.8	30.1	35.9	1.7	5.0	6.7	97.4	128.0	167.8	15.3	3.7	158.9	189.5	229.3	2.8	181.7	212.3	252.1
	2020	15.0	9.7	24.7	5.9	33.2	39.1	2.6	6.5	9.1	88.9	121.3	151.3	15.7	4.5	157.4	189.8	219.9	4.4	186.5	218.9	248.9
节水量	2015	1.6	0	1.6	0.9	5.3	6.2	0.5	2.9	3.4	3.4	4.5	5.9	0.1	0	13.0	14.1	15.5	0	14.6	15.7	17.1
	2020	2.2	0	2.2	0.9	5.7	6.6	0.8	5.6	6.4	7.4	10.1	12.7	0.9	0	21.3	24.0	26.6	0	23.5	26.2	28.8
方案Ⅴ-1	2015	12.1	9.5	21.6	6.7	31.7	38.4	2.0	6.9	8.9	120.1	149.7	188.0	15.3	3.7	186.5	216.1	254.3	2.8	210.9	240.5	278.8
	2020	17.1	9.7	26.8	6.8	33.7	40.5	3.0	10.2	13.2	119.4	152.0	181.5	16.6	4.5	194.3	226.9	256.5	4.4	225.6	258.2	287.7
方案Ⅴ-2	2015	10.5	9.5	20.0	5.8	27.0	32.8	1.5	4.3	5.8	116.1	144.7	181.7	15.3	3.7	173.7	202.2	239.3	2.8	196.6	225.1	262.1
	2020	15.0	9.7	24.7	5.9	28.8	34.7	2.3	5.5	7.8	110.2	140.3	167.5	15.7	4.5	173.0	203.7	230.3	4.4	202.1	232.2	259.4
节水量	2015	1.6	0	1.6	0.9	4.7	5.6	0.5	2.5	3.0	4.0	5.1	6.4	0.1	0	12.7	13.7	15.0	0	14.3	15.3	16.6
	2020	2.2	0	2.2	0.9	4.9	5.8	0.7	4.7	5.4	9.1	11.7	14.0	0.9	0	21.3	23.8	26.2	0	23.5	26.0	28.3

6.2 多渠道开源条件下的水资源供给预测

6.2.1 常规可供水量预测

6.2.1.1 地表水可供水量预测

(1) 外流域调水工程

南水北调中线一期工程总干渠河北省段全长464km，入境设计流量235m³/s、加大流量265m³/s，出境设计流量50m³/s、加大流量60m³/s。2014年实现中线工程全线贯通，中线一期工程2015水平年多年平均供河北省水量（总干渠分水口门合计）30.39亿m³。

南水北调东线工程主要利用河北省现有河道输水，规划2020水平年向河北省供水，入河北省水量为7亿m³，供水目标除工业外，其余用于农业及生态环境。

(2) 当地水源工程

规划2015年以前开工新建、扩建大中型蓄水工程3座，规划新增库容3.44亿m³。到2020年，全省规划新建和扩建水库2座，规划新增库容1.74亿m³。

双峰寺水库工程位于滦河山区武烈河上，供水对象为承德市工业、生活及部分农业，总库容2.04亿m³，兴利库容0.97亿m³，工程建成后可提高承德市防洪能力，同时增加向承德市供水量0.5亿m³。

石河水库大坝位于石河干流上，控制流域面积569km²。由于现状水库库容偏小，弃水量大，且部分工程出现质量问题，为了保障石河水库下游地区的防洪安全，充分开发利用当地水资源，规划实施石河水库扩建工程。水库扩建后，水库总库容将提高到1.0亿m³，调洪库容将提高到0.79亿m³，兴利库容将提高到0.23亿m³，可增加向秦皇岛供水0.21亿m³。

扩建衡水湖工程，库容1.06亿m³，蓄水面积20.3km²，最高蓄水位24.5m，围堤长度18.8km。扩建后，既可调蓄当地水，又可调蓄引江水。

乌拉哈达水库位于张家口市清水河上，总库容1.59亿m³，兴利库容0.51亿m³，防洪库容0.56亿m³，设计年供水能力0.23亿m³。供水对象为张家口市工业及城镇生活用水。

鸽子洞水库位于承德市平泉县境内，总库容1056万m³，可为平泉县工业及城镇生活供水562万m³，向农业供水241万m³，并可增加灌溉面积1.0万亩。

(3) 当地水资源调配工程

2015水平年当地水资源调配工程包括："引青济秦"东线二期扩建工程将现状东线供水能力2.9m³/s提高到4m³/s，线路总长将达到11.878km。"引青济秦"东西管线连接工程，管道设计流量5.36m³/s，隧洞设计流量8.0m³/s，为避免洋河水库水体富营养化时对秦皇岛市供水质量的影响。拒马河"都衙引水"工程，设计引水流量10m³/s，多年平均供水量2.32亿m³。"引黄入冀"工程系统包括改善引水支渠和田间配套工程。"引黄济衡"工程引黄壁庄水库水向衡水市供水，引水线路主要利用现有石津总干渠工程，从军齐进水闸引水入军齐干渠、邵村排干、邵村沟、滏阳河、滏阳新河、冀码渠而后引入衡水湖。"引磁济郜"二期工程通过磁左渠、口头水库引水渠从横山岭水库调磁河水补充口头水库水量。到 2020 水平年,规划"引青济秦"在二期完成供水能力达到 $4m^3/s$ 的基础上提高到 $6m^3/s$,进一步增加秦皇岛市供水能力,满足社会发展对水资源的要求。

（4）生态补水和生态修复工程

完善"引岳济淀"等生态补水工程。引岳济淀工程以岳城水库引水闸为起点,利用经民有渠、老漳河、滏东排河、人文干渠等现有河渠,在 12 孔闸进入白洋淀。渠首设计流量 $40m^3/s$,末端设计流量 $15.1m^3/s$。

南大港水库恢复工程。南大港水库现为沧州市滨海人工生态湿地,库容 0.78 亿 m^3,围堤长 35.11km。引水渠道有两条线路,一条从南排河引水,另一条从捷地减河引水。

6.2.1.2 地下水可供水量预测

（1）现状条件下地下水可供水量

按照 2003 年河北省水资源评价成果,平原区多年平均浅层地下水可开采量 74.27 亿 m^3/a,微咸水（2～3g/L）可开采量 7.39 亿 m^3/a,山区岩溶分布区地下水可开采量 7.10 亿 m^3/a,一般基岩山丘区地下水可开采量 17.8 亿 m^3/a,山间盆地及内陆河平原区地下水可开采量 6.90 亿 m^3/a,中东部平原深层承压水允许开采量 10.85 亿 m^3/a（表6-13）。

表6-13　河北省浅层地下水可开采量及深层地下水允许开采量　（单位：亿 m^3/a）

水资源分区	浅层地下水				微咸水	深层承压水
	平原区	山间盆地及内陆平原区	一般山丘区	合计		
滦河及冀东沿海	9.21	0	5.23	14.44	0.31	0.69
海河北系四河	5.63	6.01	1.35	12.99	0.74	0.41
大清河北支	7.44	0	1.11	8.55	0.07	0.63
大清河南支	17.12	0	1.46	18.58	1.24	1.88
漳滏区间	9.53	0	2.6	12.13	1.12	2.31
滏西	10.57	0	4.88	15.45	0.08	0
漳卫河	2.66	0	0.82	3.48	0.05	0.04
黑龙港	10.12	0	0	10.12	2.68	4.08
运东	1.64	0	0	1.64	1.10	0.73
徒骇马颊河	0.35	0	0	0.35	0	0.08
辽河	0	0	0.26	0.26	0	0
内陆河	0	0.89	0.09	0.98	0	0
河北省合计	74.27	6.90	17.8	98.97	7.39	10.85

（2）规划水平年地下水可供水量

考虑南水北调实施后可能增加的供水,农业灌溉节水对地下水补给的影响以及地下水库的调控及由此引起的地下水流场的变化和水资源重新分配的情况，利用地下水均衡模型调整不同水平年地下水的可供水量。

通过模型分析得出不同水平年浅层地下水可供水量：2015 年水平年 $P=25\%$ 可供水量 79.6 亿 m^3，$P=50\%$ 可供水量 98.98 亿 m^3，$P=75\%$ 可供水量为 116.3 亿 m^3；2020 年水平年 $P=25\%$ 可供水量 78.2 亿 m^3，$P=50\%$ 可供水量 98.98 亿 m^3，$P=75\%$ 可供水量为 115.8 亿 m^3。

6.2.2 非常规水供水量预测

6.2.2.1 海水直接利用

2015 水平年河北省海水利用以沿海发电厂冷却用水为主，主要包括黄骅电厂、秦皇岛电厂、王滩电厂、曹妃甸钢铁大厂、曹妃甸华润电厂，合计直接利用海水作为冷却用水 41.93 亿 m^3，折合淡水 1.05 亿 m^3（折淡系数 0.025）。黄骅电厂年淡化海水量 920 万 m^3 作为厂区内生产、消防和生活用水。

2020 水平年黄骅电厂、秦皇岛电厂、曹妃甸华润电厂直接利用海水作为冷却用水新增用量 15.65 亿 m^3，折合淡水 0.39 亿 m^3，累计直接利用海水量达到 57.57 亿 m^3，折合淡水约 1.44 亿 m^3。黄骅电厂累计年淡化海水量 1400 万 m^3 作为厂区内生产、消防和生活用水。

6.2.2.2 海水淡化利用

2015 水平年秦皇岛市利用海水淡化水 500 万 m^3，曹妃甸华润电厂海水淡化工程处理海水 1.7 亿 m^3（折合淡水 0.52 亿 m^3）。

2020 水平年秦皇岛市累计利用海水淡化水 1000 万 m^3（折合淡水 300 万 m^3），曹妃甸海水淡化工程处理海水达到 3.47 亿 m^3（折合淡水 1.04 亿 m^3）。

6.2.2.3 雨水集蓄利用

2015 水平年前以解决人畜饮水为重点，规划开发蓄水工程约 86.6 万处，其中水窖 83.7 万处，水池 2.8 万座，塘坝 1350 座，增加蓄水能力 5690 万 m^3。

城市雨洪利用主要包括雨水集蓄和雨水渗透两方面，其中雨水集蓄主要是将城区范围内的建筑屋顶、城市广场、运动场、庭院、城市道路等用作收集雨水的有效场所；雨水渗透则采用透水砖或在绿色植被与土壤之间增设储水层、透水层等办法增加入渗，或减缓地表径流的速度增加入渗。根据城市总体规划，以设区市为重点进行试点，预计河北省 2015 和 2020 水平年可利用雨水量分别为 614 万 m^3 和 1620 万 m^3。

6.2.2.4 微咸水利用

河北省现状水平年微咸水实际开采量 2.08 亿 m^3，全省微咸水可开采量 7.39 亿 m^3。微咸水利用包括直接利用和与淡水混合（轮流）利用两种方式。考虑开发利用微咸水的条件限制,规划在地下水矿化度 2~3g/L 的微咸水区,增打、补打微咸水浅井(或中浅井)1.53 万眼,微咸水开采利用程度达到可开采量的 50%,供水量 3.61 亿 m³。

6.2.2.5 污水处理回用

河北省城市集中污水处理厂"中水",一是用于电厂冷却,二是用于城市河湖生态和农田灌溉。按照河北省地表水保护规划,2015 年新增正常运行的污水处理厂 165 座(其中"十一五"期间新建 46 座),城市污水集中处理率达到 70% 左右,新增处理能力为 821 万 t/d,估算投资 149.4 亿元,每年可用的污水回用量 7.6 亿 m³;预计 2020 水平年城市污水集中处理率将达到 90% 左右,污水回用量 14.9 亿 m³。

6.2.3 可供水量

河北省规划供水工程可供水量见表 6-14。

表 6-14　规划供水工程可供水量　　　　　　　　(单位:亿 m³)

工程类别	项目名称	可供水量 2015 年	可供水量 2020 年	备注
外流域调水工程	南水北调中线工程	30.39	30.39	总干渠分水口水量
	南水北调东线工程	0	7.00	入河北毛水量
	引黄入冀工程	15.67	15.67	入河北毛水量
	小计	46.06	53.06	未考虑省内输水损失
当地水源工程	双峰寺水库工程	0.50	0.50	新增供水量
	石河水库大坝加高工程	0.21	0.21	新增供水量
	乌拉哈达水库工程	0	0.23	新增供水量
	鸽子洞水库工程	0	0.08	新增供水量
	匡门口水库工程	0	0	调蓄水量
	小计	0.71	1.02	增加局部区域供水
其他水源工程	雨水集蓄工程	0.63	1.45	增加供水
	污水处理回用工程	7.60	14.90	累计达到
	微咸水和海水淡化利用	5.30	7.01	累计达到
	小计	13.53	23.36	—
总计		60.3	77.44	—

6.3　严重缺水地区水资源合理配置理论与方法

6.3.1　严重缺水地区水资源合理配置理论

6.3.1.1　缺水地区水资源配置目标

严重缺水的河北省水资源合理配置通过在空间、时间、用户、水量和水质实现水资源五位一体统一配置，在水资源规划层次上，提出水资源合理配置的方向与途径；在宏观调控层次上，配置流域外来水和当地地表水、地下水、中水（再生水），提出开源、节流、保护的管理策略；在运行管理层次上，为不同水文条件和外调水条件下，全省水资源的具体配置、运行和实时管理提供基础依据。具体包括四大目标：

1）保障最基本的水资源需求，确保城乡饮水安全。
2）在资源承载能力前提下，支撑二产、三产发展。
3）考虑农产品虚拟水交易，满足粮食安全要求。
4）生态用水较现状有所增加，保护重点生态单元。

6.3.1.2 缺水地区水资源配置原则

河北省水资源合理配置必须遵循以下五大原则：基于宏观视角，根据稀缺水资源分配的社会学与经济学原理，水资源合理配置应遵循公平性、有效性和可持续利用原则；基于微观视角，水资源的配置还应遵循优水优用原则和资源短缺条件下最小破坏原则。

(1) 公平性原则

保障公平是严重缺水地区水资源配置的首要原则。首先要保证平等的生存权，保证不同区域、不同社会阶层和集团都具有生存的条件；其次要保证平等的发展权，特别是欠发达地区，如果不在资源配置上给予必要的照顾，必然形成"贫者愈贫，富者愈富"，违背建设和谐社会的发展战略。

(2) 有效性原则

有效性是宏观决策的重要依据，是通过水资源分配实现水资源利用的最大边际效益，不仅包括经济意义上的最大边际效益，分析节水、开源、海水淡化等各边界成本，还包括对环境负面影响小的环境效益以及能够提高社会人均收益的社会效益，体现在配置中为响应的经济目标、环境目标和社会发展目标及其之间的竞争性和协调发展。

(3) 可持续性原则

可持续是水资源配置的基本原则，也是代际间资源分配的公平性。要满足近期与远期之间、当代与后代之间在水资源利用上协调发展、公平利用的要求，而不是掠夺性地开采和利用，甚至破坏资源，严重威胁子孙后代的发展能力，保持水资源开发利用的持续性。

(4) 优水优用原则

优水优用原则是宏观有效性在微观水资源分配中的具体体现。不同用户对水质的要求不同，不同水质的水也具有不同的价值，不同水源向不同用水户供水的经济成本也不同。通过水量和水质统一配置，分质供水、分质用水、实现优水优用，从而在微观水资源管理中实现水资源利用效益的最大化。

(5) 最小破坏原则

最小破坏原则是宏观公平性在微观水资源分配中的具体体现。水资源总量的不足必然对社会、经济和生态带来一定程度的损害。水资源的配置避免把这种损害集中在一个领域、一个行业、一个地区，造成"窄深式破坏"，而是把这种损害分散到较广泛的领域、行业和地区，形成"宽浅式破坏"，避免造成局部严重危机，对整个社会的影响最小。

6.3.1.3 缺水地区水资源配置任务

为了实现缺水状态下水资源配置目标，河北省水资源合理配置有六大任务。

(1) 优化经济发展结构，促进产业与资源匹配

水土资源及其与产业结构不匹配是河北省缺水的主要原因。一方面体现在水土资源本身不匹配，二是产业结构与水土资源不匹配。如河北省南部平原，耕地占全省的55.5%，人口占全省的60.7%，GDP占全省的58.8%，而水资源量仅占全省的29.7%，人均仅149m^3，是水资源供需矛盾最为尖锐的地区。通过水资源合理配置，促进转变经济发展方式，提出适用区域水资源状态的产业结构优化方案，并且根据国民经济布局、供水水源和缺水状况，合理确定不同水源的供水范围，使水资源保障条件与生产力布局尽可能匹配，是河北省水资源配置的基础任务。

(2) 确定节水治污水平，加强水资源需求管理

河北省水资源总量匮乏，缓解供需矛盾的主要措施是靠持续不断地提高节水水平，但节水受到经济承受能力等制约。因此，水资源合理配置的任务之一是要结合生活、工业和农业节水规划，在经济承受能力与节水水平之间寻找一个平衡点，拟定合理的生活、农业、工业、第三产业等的节水力度、节水手段和节水方案。此外，以水污染防治为基础，结合地表水保护规划拟定适合水环境需要和适应经济发展要求的污水处理回用水平。

(3) 结合区域发展规划，协调省际调水战略

结合国家宏观水资源优化配置战略，协调省内各调水工程之间的关系，通过水资源配置实现对不同供水方案的比选，确定南水北调中线一、二期工程，东线二、三期工程以及引黄济冀、引黄入淀等工程各自合理的供水范围和水量配置及互补调剂关系，对南水北调工程实施后滦河水量调整的必要性、合理性和控制范围提出建议。

(4) 保障生态环境需求，挖掘省内水资源潜力

在保障河北省生态环境用水需求的基础上，提出适度的地表水开发利用策略，充分利用地下水的多年调节性能，挖掘区域水资源开发和利用潜力。河北省地表水开发利用程度已经达到了较高水平，但个别地区仍有一定潜力，适度开发地表水仍是解决河北省水资源短缺的一个途径。同时利用"地下水库"取代实施难度很大的地表水库，有利于发挥地下水调蓄灵活的特点，提高供水保证率。

(5) 多种水源联合调度，提高水资源保障能力

南水北调中线一期工程河北省段的调蓄工程规模、调蓄方法和中线工程的供水区域、不同区域供水目标之间的水量分配等，是水资源配置需要重点研究和解决的问题。南水北调主体和配套工程体系建设及其比较充足的可调配水量将为海河南系平原水资源配置提供较好的流通条件和物质基础。以南水北调工程为纽带，可实现当地地表水、地下水、外调水、中水等多水源的联合调度，以保证优水优用，提高水资源利用的综合效益，促进社会公平，降低供水风险。

(6) 提出常规开发方案，兼顾应急机制与对策

通过供水、用水的多方案组合和比选，以供需平衡分析为手段，以模型优化和模拟为工具，优选与河北省国民经济发展和城镇化进程相适应的水资源开发利用方案。在常态水资源开发利用的基础上，通过分析省内各地的水源条件、经济条件和缺水特点，有针对性地提出特殊干旱年和连续干旱年的应急对策，重点提出河北省主要城市和重点区域的应急机制与对策。

6.3.1.4 缺水地区水资源配置模式

(1) 区域水资源承载能力评估是水资源合理配置的基础

水资源承载能力就是根据河北省水资源总量和时空分布状态，评估能够持续支撑经济社会发展的规模并维系良好的生态系统的能力。河北省多年平均降水量为532mm，人均水资源量为307 m^3。其人均水资源量不仅远低于国际公认的人均500m^3极度缺水标准，而且随着气候变化和人类活动的影响，河北省水资源条件将更加严峻。只有客观评估和清晰认识严重缺水地区的水资源能够承载的人口、能够支撑的经济规模、能够维持的产业结构等，才能够维持水资源的可持续利用，维护良好的生态环境，支撑经济社会又好又快发展。

严重缺水地区的河北省水资源承载能力评估必须区分两种类型，即总量性承载能力和结构性承载能力。总量性承载能力弱是指可利用水资源供给总量不能满足水资源的需求，表现为地下水严重超采，地表径流大幅度减少甚至消失。结构性承载能力弱又可分为产业结构性缺水和工程结构性缺水。其中，产业结构性缺水是指由于产业结构布局不合理，高耗水产业与区域水资源本底不匹配，导致区域水资源供应不足；工程结构性缺水表现为由于工程原因造成的部分产业和部分时间缺水以及由于水体污染没有及时处理造成用水短缺的情况。

(2) 适应缺水的产业结构调整与优化布局是水资源合理配置的关键

河北省三大产业用水结构与水资源短缺的现状不适应，用水主要集中在效益较低的农业。2008年，河北省总用水195亿m^3，其中工业和农业用水量分别为25亿m^3和143亿m^3，大约分别占总用水的13%和73%。而同期全国工业和农业用水占总用水的比例为24%和62%，工业用水比例远远低于全国平均水平。而农业用水比例远高于全国平均水平，农业用水比例高于河北省的省区仅有内蒙古、海南、西藏、宁夏和新疆。河北省各产业内部用水结构与水资源格局也很不适应。如农业灌溉用水量中，粮食作物灌溉用水量比例高达88%，经济作物仅为12%，而高耗水工业产业比重较大，其中化工、冶金、纺织、食品均为高耗水行业。

河北省本底水资源量有限，南水北调东线、中线以及黄河调水难以从根本上改变水资源短缺的状况。适应区域缺水的现实，必须进行产业结构调整，优化产业区域布局，控制高耗水产业，使产业布局与资源环境承载能力相适应，提高水资源的利用效率和效益，使有限的水资源支撑更大发展。农业发展应在保证粮食安全的基础上，增加高效农业用水比例，而工业发展应走适应区域水资源条件的新型工业化道路。

(3) 节流与开源并重，加强需水管理是水资源合理配置的核心

节水水平直接关系到工业、农业和生活对水的需求，河北省各行业用水效率和用水水平仍有大幅度提高的潜力。目前，河北省的生活节水器具普及率较低，城市自来水供水管网的漏失率高于全国平均值，再生水利用刚刚起步，中水道建设还是空白。工业企业节水管理工作远不如对节电和节能的重视程度大,工业用水跑冒滴漏现象仍然严重,而作为节水管理基础性工作的水平衡测试不能全面落实到位,三级计量用水还没有全面普及。农业节水灌溉工程控制面积少,节水标准偏低,节水工程配套的技术措施单一,缺乏综合节水技术,节灌率仅为49%,与水资源短缺的严峻形势极不适应。

严重短缺地区水资源配置必须以加强水资源需求管理为核心,以节流为先,开源与节流并举,才能缩小水资源的供需矛盾。综合考虑河北省的自然地理和社会经济条件,因地制宜采取适宜的节水措施,加大地下水严重超采区、严重缺水地区和粮食主产区的节水力度,特别以深层地下水降落漏斗区和山前平原浅层地下水降落漏斗区作为节水的重点,并根据不同地区的经济实力采取不同的节水投入水平,综合运用法律、行政、经济、科技、宣传等手段,合理调整产业结构,全面提高用水效率,用多种手段抑制水资源需求的过度增长。与此相对应,在常规地表和地下水资源开发利用的基础上,充分利用雨水和微咸水,扩大海水利用量,提高外调水的利用效率。

(4) 以资源消耗(ET)为主轴是水资源合理配置的重点

取水—供水—用水—耗水—排水是水资源开发利用的基本过程。传统的水资源配置注重取用水的供给和需求配置,主要是在区域和部门间分配可供水量,缺乏从ET的角度进行配置。其结果是,发达地区或者强势部门通过提高水的重复利用率和消耗率,在不突破许可取水量的限制条件下,将消耗更多的水量(增加ET)。在区域水资源总量基本不变的情况下,意味着欠发达地区或者弱势部门如农业、生态等可使用的水资源将被挤占,并且越是在水资源紧缺的地区,这种矛盾越突出。因此,缺水地区按照传统水资源配置理念,水资源利用的公平性并不能真正得到保证,生态系统的安全也并不能真正得到保障。

供用和消耗是水资源开发利用过程的两个重要环节,也是表达水资源利用和管理的两个角度。进行缺水地区水资源合理配置,必须从水资源的供给和消耗两个方面配置,即以供给为主轴的水资源配置和以ET为主轴的水资源配置,才能够实现区域资源的供需平衡,达到区域水资源的可持续利用。以供给为主轴的水资源配置强调进行水资源取用、传输、利用和排放管理,在不突破区域ET总量的前提下,通过调整ET在时空上和部门间的分配,提高各部门ET利用的效率,减少低效ET,增加高效ET,促进经济的发展和社会的进步。

(5) 二元水循环及其伴生过程的模拟是水资源配置模型的构件

水资源分配改变了原有的水循环过程,一方面使得水资源服务功能由自然的生态和环境范畴拓展到社会和经济范畴,同时也由于自然水循环与社会水循环之间通量此消彼长的动态依存关系以及以水量循环为载体的社会经济污染物的排入,使得水资源在发挥社会与经济服务功能的同时,自然的生态与环境服务功能受到影响。社会取、耗、排水循环通量不断增加甚至会破坏自然主循环的基本生态和环境服务功能,致使区域呈现出有河皆干、有水皆污、地下水超采漏斗遍布的严峻态势。因此,进行不同水资源配置方案的经济、社会、生态、环境与水循环系统响应的分析,是缺水地区水资源合理配置的重要依据。

严重缺水地区水资源合理配置是在自然系统和人工系统之间合理调配当地地表水、地下水、降水以及外调水量,通过对水资源的配置及其产生的水循环、经济、环境与生态过程的模拟,为水资源合理配置方案的选择提供社会、经济和生态效益依据,及时反馈和调整水资源合理配置方案，实现水资源在经济社会和生态环境之间的合理配置，以满足各部门的合理用水需求，支撑经济社会的可持续发展和生态环境的稳定。因此构建"自然—社会"二元水循环及其伴生的经济、环境和生态模拟模型，并与水资源配置模型耦合，实现区域水量—水环境—水循环过程的动态配置与模拟，是严重缺水地区水资源配置模型的重要组成部分，保证了严重缺水地区水资源配置的合理性。

（6）管理与工程建设结合是水资源合理配置落实的保障

河北省水资源严重紧缺，除了采取开源和节流之外，必要的工程措施是解决水资源短缺的基础，适当的管理措施是缓解水资源短缺的保障，实现建设和管理相结合综合缓解河北省严重缺水问题。严重缺水地区水资源配置必须改变单纯以工程技术解决缺水问题的传统思路，强化用水需求管理和用水过程管理，进行水资源管理的制度建设、能力建设及其主体建设，实行有效的经济调节机制，发挥市场对于资源的配置作用，营造良好的社会环境，提高公众的节水意识，实现其自觉节水。同时，加强必要的工程设施建设，特别是人口饮水安全工程、非常规水资源利用工程、各行业节水基础设施以及南水北调中线配套工程建设等。在充分利用当地水的基础上，加大再生水、海水和苦咸水等非常规水源利用的基础设施建设，争取建立正常的引黄供水系统，解决冀南地区严重的资源型缺水问题，进行南水北调河北段总干渠工程建设，推进南水北调配套工程建设，促进南水北调工程尽早发挥效益。

（7）应急保障机制和应急预案是水资源配置的重要部分

虽然缺水已经成为河北省水资源供需的常态，但极端干旱和连续干旱在河北省出现的频率很大。根据历史资料分析，河北省北部（张家口、承德）、东部（唐山、秦皇岛）同时发生严重干旱和特殊干旱的频率为13%，东部和中南部（廊坊、保定、石家庄、沧州、衡水、邢台、邯郸）同时发生严重干旱和特殊干旱的频率为15%，北部和中南部同时发生严重干旱和特殊干旱的频率为13%，全省同时发生严重干旱和特殊干旱的频率为7%。连续干旱年份在河北省也经常发生，北部曾在1980~1984年连续5年干旱，东部曾在1980~1983年连续4年干旱，中南部在1980~1986年连续7年发生干旱，全省在1997~2002年连续6年发生干旱。

应对特殊干旱的水资源配置机制、模式、措施和工程布局已经成为缺水地区水资源配置重要内容。针对河北省现状和未来严重的缺水局面，在采取常规应对措施的基础上，还需要针对特殊问题和特殊情景实施非常规的应对措施，如制定临时性调整用水方案，短期和局部有偿借用农灌用水，严重超采区的特殊管制手段，采取应急强化节水措施，适当压缩城市生产和生活用水，临时动用水库死库容蓄水量，扩大地下水超采量，对严重缺水地区采用促进农业节水的特殊经济政策，实施特殊干旱或缺水状态下的用水应急管理以及宏观虚拟水战略的实施等。

6.3.2 严重缺水地区水资源合理配置模型方法

6.3.2.1 模型框架

缺水地区水资源合理配置总体按照"信息集成—模型构建—过程模拟—评价分析—决

策支撑"的科学逻辑组织实施，内容可归纳为"搭建一个平台，构建一个耦合模型，开展两大过程调控，实现方案仿真和评价，支撑调控决策"。

具体来说就是通过水循环、水环境的多源信息采集体系采集综合模拟需要的数据，将数据分类进行整理，集成到一个基于 GIS 的通用数据平台中，通过遥感反演技术或水与物质循环要素时空融合技术对基础数据进行加工处理。采用分布式水文模拟技术、多目标优化技术、模型耦合技术以及地理信息技术、数据库技术、计算机技术等，开发缺水地区水资源配置模型，在对区域水资源提出相应的优化战略对策的基础上，开展不同情景下流域"自然—人工"二元水循环、水资源优化调配等过程模拟与调控。从耗水管理的角度，科学定量缺水区域水资源的优化调配和应对措施，为河北省水资源调控与高效利用提供决策支持。

缺水地区水资源配置模型框架见图 6-1。

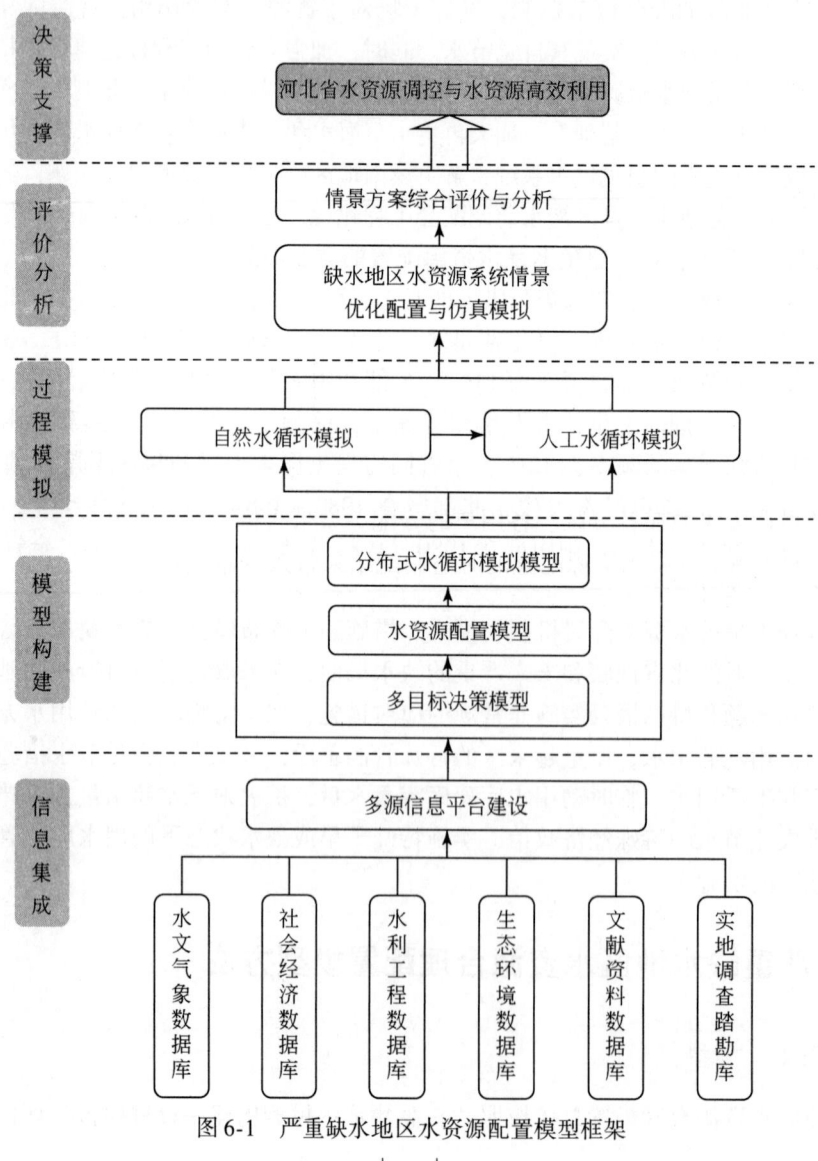

图 6-1　严重缺水地区水资源配置模型框架

6.3.2.2 工作流程

首先查清全省水资源数量、质量及时空分布规律。以现状水资源供需分析为基础，预测规划水平年地表水、地下水、跨流域调水等工程的可供水量，同时进行全省各行业的需水预测。在此基础上运用常规方法选择水资源配置方案集，运用优化与模拟技术，构建水资源合理配置模型，进行不同供水方案和需水方案集的水资源配置分析计算，最终推荐合理的水资源配置方案。

6.3.3 严重缺水地区水资源配置模型构建

现代环境下区域/流域主要为宏观经济系统、水资源系统和生态环境系统组成的复合系统，而水循环是整个复合系统联系的纽带。以社会经济与环境协调发展为目标，运用多学科理论和技术方法，妥善处理各目标在水资源开发利用上的竞争关系。从决策科学、系统科学和多目标规划理论方面，研究水资源的最优调配是水资源规划的核心内容，也是实行最严格水资源管理的要求，而水资源合理配置模型也成为水资源规划管理的核心工具。

6.3.3.1 缺水地区水资源配置模型构建

针对河北省严重缺水的事实，按照最严格的水资源管理要求，从耗水管理理念出发，构建缺水地区水资源配置模型。

模型设计通过构建多目标决策模型和水资源优化与模拟耦合模型，实现水资源总量控制和高效利用，并采用分布式水循环模型对水资源配置的结果进行仿真和检验。具体思路为：首先，运用宏观决策模型对系统进行优化，初步确定区域水资源分配初始方案集。其次，将各类可调配水源在各分区、各用户的分配关系带入模拟模型，用长系列水文资料进行水资源合理调配，并将水资源配置的时空调配结果带入分布式水文模型，对方案配置情景进行仿真模拟和评估。最后，从耗水管理角度，检验水资源调配下水循环变化以及区域耗用水情况。

缺水地区水资源配置模型主要包括多目标决策分析模型（DAMOS）、水资源优化模拟配置模型（WASYS）、分布式水文模型（SWAT）、分布式地下水模型（MODFLOW），模型框架见图6-2。

6.3.3.2 模型工作流程

模型调配的具体过程是在考虑社会经济和生态环境用水，兼顾上下游与左右岸公平用水的要求下，采用多目标决策分析模型构建一系列可行性方案集。依据二元水循环理论，从广义水资源和耗水管理角度出发，采用水资源配置模型和分布式水文模型，在综合模拟自然水循环"降水—坡面—河道—地下"和人工水循环"取水—供水—用水—排水"的基础上，依据水资源的资源、生态、环境、社会、经济五大属性，进行地表水、地下水、国民经济、生态环境、出境水等总量控制。通过调整产业结构、定额管理、节水等工程及非

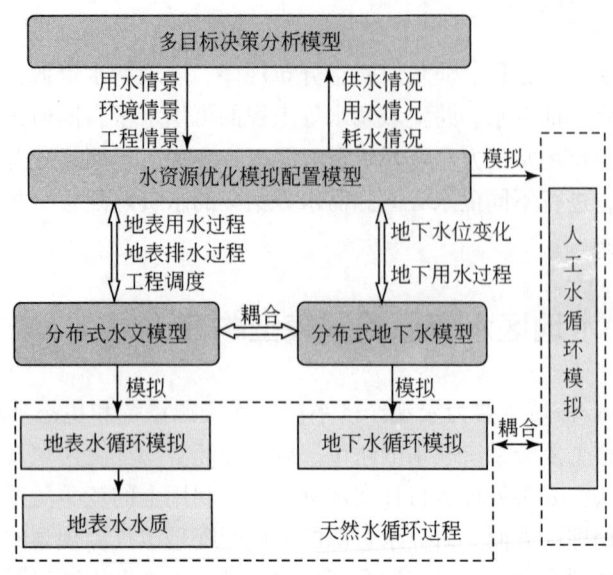

图 6-2 缺水地区水资源配置模型框架

工程措施来降低区域水资源消耗，提高用水效率和控制入河排污量，实现水资源可持续利用与社会经济及生态环境的协调发展。各子模型的功能及特点如下。

(1) 多目标决策分析模型

多目标决策分析模型是将社会、经济、环境、水资源等子系统内部及相互之间的约束机制进行高度概括的综合数学模型，描述资金与资源在"经济—环境—社会—资源—生态"复杂巨系统的各子系统中的分配关系以及与社会发展模式的协调问题。具体运用系统分析方法将各个子系统的内部外部关系进行合理概化，模型描述也划分成宏观经济、环境、生态、农业、已建和规划水利工程以及水量供需平衡、水环境污染及治理平衡、水投资的来源与分配平衡等模块。除此之外，还需要考虑社会、人口、市场、政策、传统等多方面对系统因素的约束。多目标决策分析模型在给定的宏观经济、农业、水量、环境等多方面边界条件（范围，上下限）的基础上，追求可持续发展前提下的GDP、FOOD、COD等多目标均衡的最优，从而得到追求多目标最优的经济规模与经济结构、种植结构、粮食产量、需水量、排污量等宏观信息（地区，年）。

1) 目标函数。缺水地区的水资源调配要统一协调经济、环境和社会等目标，既要促进生态系统的健康发展，又要保证安全用水和高效用水，达到水资源的合理配置。因此，在水资源配置过程中，不期望寻求系统最优解，而是在不可公度的多目标之间，寻求使各方均感到"满意"的合理结果，在保持生态系统稳定健康和社会基本公平的情况下，保持区域经济效益的发展。

$$Sati = \max \sum_{i=1}^{3} \lambda_i \times E_i \tag{6-1}$$

式中，Sati 为总目标函数；E_i 为不同目标的满意程度；λ_i 为不同目标相应的权重。

2）约束条件。
① 经济效益约束：
$$i \geq \theta \tag{6-2}$$
式中，i 表示区域总体工程的内部收益率；θ 表示预期的最小内部收益率。

② 人口饮水安全约束：人口饮水安全得到保障，生活用水全部得到保证。
$$Q_{\text{liv}} \geq Q_{\text{liv}}^{\text{bs}} \tag{6-3}$$
式中，Q_{liv} 为生活用水量；$Q_{\text{liv}}^{\text{bs}}$ 为生活用水基本保障量。

③ 生态稳定度约束：
$$\lambda(u) \leq \lambda_{\min}(u) \tag{6-4}$$
式中，$\lambda(u)$ 表示第 u 计算单元的生态稳定度；$\lambda_{\min}(u)$ 表示第 u 计算单元的最小生态稳定度。

④ 当地可利用水量约束：
$$N(i,t) \leq N_{\max}(i) \tag{6-5}$$
式中，$N(i,t)$、$N_{\max}(i)$ 分别表示第 i 个计算单元使用的当地天然来水量和当地天然来水可利用量。

⑤ 地下水埋深约束：
$$L_{\min}(m,u) \leq L(m,u) \leq L_{\max}(m,u) \tag{6-6}$$
式中，$L_{\min}(m,u)$ 表示第 m 时段第 u 单元的最浅地下水埋深；$L(m,u)$ 表示第 m 时段第 u 单元的地下水埋深，$L_{\max}(m,u)$ 表示第 m 时段第 u 单元的最深地下水埋深。

（2）水资源配置模型

水资源配置模型作为水资源规划管理的核心工具，要求从流域/区域整体出发，在分析区域水资源条件和水资源供用特点的基础上，综合统筹不同情况和需求，以确定各类可利用的水资源在供水设施、运行管理等各类约束条件下对不同区域各类用水户的有效合理分配。

水资源配置模型一般采用数学规划的方法，对所研究的优化目标函数和约束方程组求解，得到最优方案。对于水资源配置来说，进行水资源的优化调控是在资源限制条件下，为更好地配置水资源，从而达到发挥水资源最大效用目的的最常用的手段。

1) 目标函数。根据水资源合理配置研究区域的特点及研究需求，水资源合理配置目标可以以供水的净效益最大为基本目标，也可以考虑以供水量最大、水量损失最小、供水费用最小或缺水损失最小等为目标。如考虑缺水地区水资源特点以及最严格的水资源管理的要求，水资源合理配置可将水资源的利用效率设为目标，通过对多种可利用水源在宏观调控下进行区域间和各用水部门间的科学调配，同时使得区域水资源开发利用的效率和效益的最大化，实现水资源可持续利用。其目标函数为

$$\max(Z) = \frac{\sum_{i=1}^{m}\sum_{j=1}^{n}\sum_{k=1}^{s}\{W(i,j,k) \times f[W(i,j,k)]\}}{\sum_{i=1}^{m}\sum_{j=1}^{n}\sum_{k=1}^{s}\text{ET}(i,j,k)} \tag{6-7}$$

式中，$W(i,j,k)$ 为第 i 时段第 j 计算单元分配到第 k 用户的用水量（万 m^3）；$f[W(i,j,k)]$ 为 i 时段 j 计算单元第 k 用户的单位用水效益系数（元/万 m^3）；$ET(i,j,k)$ 为第 i 时段第 j 计算单元第 k 用户的耗水量（万 m^3）。

2）约束条件。

① 区域耗水总量约束：

$$\sum_{1}^{12} \text{QTCon}(m) \leqslant \text{QYHL}(p) \quad (6-8)$$

式中，$\text{QTCon}(m)$ 表示区域每一个时段可消耗的水资源量；$\text{QYHL}(p)$ 表示来水频率为 p 时区域可消耗的水资源量。

② 计算单元水量平衡约束：

$$\begin{aligned}\text{QSH}(m,u,k) = &\text{QDM}(m,u,k) - \text{QYHS}(m,u,k) - \text{QRS}(m,u,k) \\ &- \text{QGS}(m,u,k) - \text{QRUS}(m,u,k) - \text{QFS}(m,u,k)\end{aligned} \quad (6-9)$$

式中，$\text{QSH}(m,u,k)$ 表示第 m 时段第 u 计算单元第 k 用水类型的缺水量；$\text{QDM}(m,u,k)$ 表示第 m 时段第 u 计算单元第 k 用水类型的需水量；$\text{QYHS}(m,u,k)$ 表示第 m 时段第 u 计算单元第 k 用水类型的河道供水量；$\text{QRS}(m,u,k)$ 表示第 m 时段第 u 计算单元第 k 用水类型的水库供水量；$\text{QGS}(m,u,k)$ 表示第 m 时段第 u 计算单元第 k 用水类型的地下水使用量；$\text{QRUS}(m,u,k)$ 表示第 m 时段第 u 计算单元第 k 用水类型的再生水回用量；$\text{QFS}(m,u,k)$ 表示第 m 时段第 u 计算单元第 k 用水类型的山区洪水供用量。

③ 河渠节点水量平衡约束：

$$\begin{aligned}H(m,n) = &H(m,n-1) + \text{QH}(m,r) + \text{QRX}(m,i) + \text{QRec}(m,n) \\ &- \text{QRC}(m,i) - \text{QI}(m,n) - \text{QL}(m,n)\end{aligned} \quad (6-10)$$

式中，$H(m,n)$ 表示第 m 时段河渠节点 n 的过水量；$H(m,n-1)$ 表示第 m 时段河渠节点 $n-1$ 的过水量；$\text{QH}(m,r)$ 表示第 m 时段河渠上下断面区间第 r 河流汇入水量；$\text{QRX}(m,i)$ 表示第 $m+1$ 时段河渠上下断面区间第 i 水库的下泄水量；$\text{QRec}(m,n)$ 表示第 m 时段河渠上下断面区间的回归水汇入量；$\text{QRC}(m,i)$ 表示第 m 时段河渠上下断面区间第 i 水库的存蓄水变化量；$\text{QI}(m,n)$ 表示第 m 时段河渠节点 n 上下断面区间的引水量；$\text{QL}(m,n)$ 表示第 m 时段河渠节点 n 上下断面间的蒸发渗漏损失水量。

④ 水库枢纽水量平衡约束：

$$\text{VR}(m+1,i) = \text{VR}(m,i) + \text{QRC}(m,i) - \text{QRX}(m,i) - \text{QVL}(m,i) \quad (6-11)$$

式中，$\text{VR}(m+1,i)$ 表示第 $m+1$ 时段第 i 个水库枢纽末库容；$\text{VR}(m,i)$ 表示第 m 时段第 i 个水库枢纽初库容；$\text{QRC}(m,i)$ 表示第 m 时段第 i 水库枢纽的存蓄水变化量；$\text{QRX}(m,i)$ 表示第 m 时段第 i 个水库枢纽的下泄水量；$\text{QVL}(m,i)$ 表示第 m 时段第 i 个水库枢纽的水量损失。

⑤ 河渠回归水量平衡约束：

$$\text{QRec}(m,n) = \sum_{u=u_0}^{u_T} \text{QRECD}(m,u) + \sum_{u=u_0}^{u_T} \text{QRECI}(m,u) + \sum_{u=u_0}^{u_T} \text{QRECA}(m,u) + \text{QFL}(m)$$

$$(6-12)$$

式中，QRec(m,n)表示第m时段河渠上下断面区间的回归水汇入量；QRECD(m,u)表示第m时段河渠上下断面区间生活退水量；QRECI(m,u)表示第m时段河渠上下断面区间工业退水量；QRECA(m,u)表示第m时段河渠上下断面区间灌溉退水量；QFL(m)表示第m时段河渠上下断面区间山洪水量。

⑥ 蓄水库容约束：

$$V_{\min}(i) \leqslant V(m,i) \leqslant V_{\max}(i) \tag{6-13}$$

$$V_{\min}(i) \leqslant V(m,i) \leqslant V'_{\max}(i) \tag{6-14}$$

式中，$V_{\min}(i)$表示第i个水库的死库容，$V(m,i)$表示第i个水库第m时段的库容，$V'_{\max}(i)$表示第i个水库的汛限库容，$V_{\max}(i)$表示第i个水库的兴利库容。

⑦ 引提水量约束：

$$QP(m,u) \leqslant QP_{\max}(u) \tag{6-15}$$

式中，QP(m,u)表示第u计算单元第m时段引提水量；$QP_{\max}(u)$表示第u计算单元的最大引提水能力。

⑧ 地下水使用量约束：

$$G(m,u) < P'_{\max}(u) \tag{6-16}$$

$$\sum_{m=1}^{M} G(m,u) < G_{\max}(u) \tag{6-17}$$

式中，$G(m,u)$表示第m时段第u计算单元的地下水开采量；$P'_{\max}(u)$表示第u计算单元的时段地下水开采能力；$G_{\max}(u)$表示第u计算单元的年允许地下水开采量上限；M表示时段总数。

⑨ 河湖最小生态需水约束：

$$QRVE(i,t) \leqslant QREVE_{\min}(i) \tag{6-18}$$

式中，QRVE(i,t)、$QREVE_{\min}(i)$分别表示第i条河道实际流量和最小需求流量，最小需求流量可根据水质、生态、航运等要求综合分析确定。

⑩ 非负约束。

(3) 分布式水文模型

水循环是一切水资源问题研究的基础，分布式水文模型采用 GIS 和 RS 提供的空间信息，可模拟复杂大流域中多种不同的水文物理过程，包括水、沙和化学物质的输移与转化过程。模型可响应降水、蒸发等气候因素和下垫面因素的空间变化以及人类活动对流域水文循环的影响，并能够模拟人类不同活动下的水循环以及水资源蒸发消耗的时空变化过程，可以对水资源不同调控情景进行仿真预测，为管理决策提供有力的支撑。

1）地表水方程：

$$SW_t = SW_0 + \sum_{i=1}^{t}(R_{day} - Q_{surf} - E_a - W_{seep} - Q_{gw}) \tag{6-19}$$

式中，SW_t和SW_0分别为第i天的土壤最终和初始含水量（mm）；R_{day}为第i天的降雨量（mm）；Q_{surf}为第i天的地表径流量（mm）；E_a为第i天的蒸发蒸腾量（mm）；W_{seep}为第i天从不饱和区进入浅层地下水量（mm）；Q_{gw}为第i天的地下水回归流量（mm）。

2）河道水方程：

$$\Delta t \times \left(\frac{q_{\text{in},1} + q_{\text{in},2}}{2}\right) - \Delta t \times \left(\frac{q_{\text{out},1} + q_{\text{out},2}}{2}\right) = V_{\text{stored},2} - V_{\text{stored},1} \tag{6-20}$$

式中，$q_{\text{in},1}$为时段初进入河道的流速（m³/s）；$q_{\text{in},2}$为时段末进入河道的流速（m³/s）；$q_{\text{out},1}$为时段初流出河道的流速（m³/s）；$q_{\text{out},2}$为时段末流出河道的流速（m³/s）；$V_{\text{stored},1}$为时段初河道的储留水量（m³）；$V_{\text{stored},2}$为时段末河道的储留水量（m³）。

3）地下水方程：

$$GW_t = GW_0 + \sum_{i=1}^{t} (Q_{\text{si}} + Q_{\text{ci}} - Q_{\text{ko}} - Q_{\text{et}} - Q_{\text{co}}) \tag{6-21}$$

式中，GW_t/GW_0分别为第i天的地下水最终和初始水量（mm）；Q_{si}为第i天的入渗补给量（m³），包括降雨入渗量和灌溉入渗量（m³）；Q_{ci}为第i天的地下径流侧入量（m³）；Q_{ko}为第i天的地下水开采量（m³）；Q_{et}为第i天的蒸发蒸腾量（m³）；Q_{co}为第i天的地下径流侧出量（m³）。

6.3.3.3 模型运行及反馈机制

(1) 多目标决策模型——水资源配置模型

多目标决策模型作为缺少地区水资源配置模型的最顶层，通过多目标决策确定区域的社会经济、资源以及水资源取用耗排总体目标，为进一步实现区域水资源的优化调配提供约束和社会经济结构等边界。它通过多目标之间的权衡来确定社会发展模式及在该模式下的投资组成和供水组成，确定大型水利工程的投入运行时间和次序等问题。

根据多目标决策模型的结果，立足水资源情景、环境情景、工程情景、用水情景等宏观信息，采用水资源配置模型调配区域各种水源在各计算单元的时空分配关系，通过水资源的优化配置实现对多目标决策模型的时空合理分配并检验其合理性。同时，水资源配置模型为分布式水文模型提供了预定情景目标下可用于水循环模拟的供用水过程。

(2) 水资源配置模型——分布式水文模型

水资源配置模型侧重于系统内部各因素之间的动态约束关系和期望条件下系统的发展结果，能够在空间尺度上给水资源系统提供水资源分配关系和比例。模拟技术能够在时间尺度上对水资源配置规则进行仿真模拟，通过长系列的水循环模拟发现配置规则的问题，以确定配置方案的合理性。本研究采用水资源优化配置模型与分布式水文模拟模型相耦合的模式，对未来不同情景下的水资源调配方案进行仿真模拟，检验并支撑水资源最佳优化调配方案。

首先，由分布式模型进行水资源时空分布演算，为集总式配置模型提供来水信息；其次，运用水资源配置模型对系统进行优化，初步确定各种水源在各计算单元的分配关系（包括数量和比例等）；再次，将各类可调配水源在各分区、各用户的分配关系带入模拟模型，用长系列水文资料进行逐月的供水模拟，并根据模拟结果对优化的分配关系进行适度调整。通过配置模型和分布式水文模拟模型的相互反馈和不断调整，得出方案最佳水资源配置结果。

6.3.4 缺水地区水资源配置模型功能

本研究构建的缺水地区水资源合理配置模型综合运用了系统分析方法、运筹方法、多水平年动态水资源供需平衡方法、水文长系列模拟操作方法以及风险分析及统计学方法等求解，以确保得到比较符合实际的计算结果。模型具有预测、模拟、耗水控制、分析和管理五大功能。

（1）预测功能

包括如人口、宏观经济发展预测以及基于人口和宏观经济的理论用水预测等功能。

（2）二元水循环模拟功能

该模型具有模拟区域二元水循环过程功能，实现了水循环模拟与水资源配置的无缝结合，模拟了水资源合理配置的水循环响应状况，并实时得到水循环信息的反馈，从而刻画出人类活动影响下的水循环变化。

（3）耗水控制功能

该模型实现了从耗水的角度对区域水资源进行水资源合理配置，真正体现了资源型节水的目的。模型不仅能够模拟区域水循环过程、经济发展规模及产业结构给出工农业及生活的用水过程，并能够在每个规划水平年按照给定的用水水平逐月进行长系列供用平衡模拟，分析水资源的利用效率和效益，同时可检查供水风险及各种分水策略的有效性。

（4）分析功能

分析的基础是"有/无"分析原则，即先运行一次得到基础方案，改变某个条件后再运行一次得到条件改变后的方案，比较两个方案的差别，以得到有益的结果。

（5）管理功能

宏观管理功能分为两个层次，即全局层次和局部层次。前者为战略管理，即对区域发展及水资源开发利用的方向和目标进行研究。后者主要包括制定区域 ET 总量、地表水供水总量、地下水供水总量、国民经济用水总量、生态环境用水总量、出境或入海总量六大总量的供用水计划，协调各用水户的关系以及水系统的统一调度等内容。

6.4 区域水资源合理配置分析

6.4.1 水资源配置系统设置

6.4.1.1 水平年

依据全国水资源综合规划大纲的要求，现状水平年为 2008 年，规划水平年为 2015 年和 2020 年。

6.4.1.2 水资源配置系统

(1) 水资源配置基本单元

以行政分区套水资源三级区剖分河北省水资源配置基本单元，充分考虑已有数据资料，结合单元的自然条件，既要突出各行政区需要研究和解决的主要水资源问题，又要体现流域和水系的特点，便于为水资源开发利用与管理服务。辽河山区、邯郸徒骇马颊河平原、承德蓟运河山区和张家口大清河山区面积较小，水系统相对独立，且其城镇生活和工业需水较少，因此将其相应合并到临近单位。而张家口内陆河山区数据不能满足模拟模型需要，可采用常规算法进行供需平衡计算，模型中不再考虑。

根据上述原则与方法，将河北省所辖区域划分出 40 个水资源配置基本单元。水资源的优化和模拟计算均以此为计算单元。水资源配置分析、计算共分 3 个层次：最底层是 40 个基本单元；中间层是 11 个行政分区和 21 个三级区；最高层次是全省所辖区域。配置基本单元见表 6-15。

表 6-15 河北省水资源配置基本单元

序号	行政区	基本单元	序号	行政区	基本单元
1	保定	大清河北支山区	21	秦皇岛	滦河山区
2	保定	大清河南支山区	22	秦皇岛	冀东沿海山区
3	保定	淀西清北平原	23	秦皇岛	滦河/冀东沿海平原
4	保定	淀西清南平原	24	石家庄	大清河南支山区
5	保定	淀东平原	25	石家庄	滹沱河山区
6	沧州	淀东平原	26	石家庄	滏阳河山区
7	沧州	子牙河平原	27	石家庄	淀西清南平原
8	沧州	黑龙港平原	28	石家庄	子牙河平原
9	承德	北三河山区	29	唐山	北三河山区
10	承德	滦河山区	30	唐山	滦河山区
11	邯郸	子牙河山区	31	唐山	北四河平原
12	邯郸	子牙河平原	32	唐山	冀东沿海山区
13	邯郸	黑龙港平原	33	唐山	滦河/冀东沿海平原
14	邯郸	漳卫河山区	34	邢台	子牙河山区
15	邯郸	漳卫河平原	35	邢台	子牙河平原
16	衡水	淀东平原	36	邢台	黑龙港平原
17	衡水	子牙河平原	37	张家口	永定河山区
18	衡水	黑龙港平原	38	张家口	北三河山区
19	廊坊	北四河平原	39	张家口	滦河山区
20	廊坊	淀东平原	40	张家口	大清河北支山区

(2) 水资源配置系统

考虑到河北省地理、河流水系的特点及水资源系统的相对独立性，将全省水资源配置划分为海河南系子系统、海河北系子系统、滦河及冀东沿海子系统3个子系统。在考虑3个子系统水资源联系的基础上，分别进行研究和规划。

海河南系子系统主要包含漳卫河流域、子牙河流域、大清河流域以及黑龙港运东平原。南水北调中线、东线工程的受水区是该系统的平原区，该系统已形成了水库、引提水工程供水以及大量机井的供水系统。南水北调主体工程和配套工程的建设将进一步沟通系统内的河渠，形成"两纵、六横、十库"为骨架的资源配置体系，为水资源的合理配置提供工程条件。该系统在河北省3个子系统中面积最大、涉及行政区最多。省会石家庄和邯郸、保定等大中城市均地处该系统，为河北省经济较发达地区，同时也是水资源条件相对较差、水环境问题最为突出的区域，是水资源配置的重点。

海河北系子系统主要包括永定河流域、潮白河流域、蓟运河流域和北运河流域，以张家口为主，兼承德、唐山及廊坊部分地区，除唐山、廊坊平原区外，大部分在京、津两市的上游，是河北省贫困带的集中区，多年来为支援京津特别是北京作出了巨大的牺牲。从我国建设和谐社会和统筹发展的要求出发，该区域将是具有潜在发展空间的区域。

滦河及冀东沿海子系统是河北省水资源相对丰沛的地区，也是河北省经济较发达的地区，特别是唐山、秦皇岛两市处于环渤海及京津冀都市圈中，是最具发展潜力的区域。引滦入唐、引青济秦等工程可实现区域之间的资源调配，因此在搞好以滦河为主的当地水资源开发利用外，南水北调工程实施后的滦河水量调整是该系统需要重点配置的问题。河北省水资源系统配置网络见图6-3。

6.4.1.3 基本配置资料

河北省水资源配置涉及水文、水利统计、城乡供水、需水、水利工程以及经济、社会、环境等多种数据，其中水文数据选取1956~2000年共45年的逐月系列，其他资料和数据如下：

(1) 水库、洼淀资料

河北省水资源配置中选择作用重要、资料齐全的大型水库共16座，中型水库1座（石河水库），蓄水洼淀3个。所需水库资料包括水库的特征值和调节参数，如水位-库容-面积关系、水库特征水位、供水对象等（表6-16）。

表6-16 水资源合理配置中有调节能力的大中型水库、洼淀特征值

水库名	死水位 /m	汛限水位 /m	后汛限水位 /m	正常蓄水位 /m	死库容 /万 m³	汛限库容 /万 m³	后汛限库容 /万 m³	正常库容 /万 m³	供水对象
友谊	1 177	1 189	1 192	1 193	0	1 394	2 607	3 131	1
潘家口	180	216	216	222	33 100	170 300	170 300	206 200	4
邱庄	53	64	67	67	79	4 250	6 610	6 610	1
陡河	28	34	34	34	540	7 380	7 380	7 380	1
桃林口	104	143	143	143	5 110	82 600	82 600	82 600	2

续表

水库名	死水位/m	汛限水位/m	后汛限水位/m	正常蓄水位/m	死库容/万 m³	汛限库容/万 m³	后汛限库容/万 m³	正常库容/万 m³	供水对象
洋河	44	54	55	56	700	9 849	12 890	14 758	1
石河	32	47	47	57	240	2 300	2 300	5 390	1
安格庄	144	154	158	160	4 070	11 600	15 800	18 700	2
西大洋	120	135	138	141	7 990	37 900	49 700	59 500	2
王快	178	190	198	200	10 881	34 593	60 490	69 968	3
横山岭	220	232	236	235	1 742	8 325	11 907	11 070	1
岗南	180	192	198	200	15 586	48 420	75 400	85 820	1
黄壁庄	111.5	112	116	120	6 968	8 230	22 788	44 638	4
临城	112	120	125	126	810	4 310	8 280	8 720	2
朱庄	220	243	251	251	3 400	18 300	26 250	26 250	2
东武仕	95	103	106	110	942	5 970	9 580	15 380	1
岳城	125	134	145	149	3 870	19 790	53 600	67 240	2
白洋淀	5.9	—	—	7.6	13 900	—	—	53 000	6
衡水湖	18.2	—	—	21	1 300	—	—	12 300	2
大浪淀	6.5	—	—	12.5	2 400	—	—	21 300	1

（2）基本单元资料

40个基本单元中包括19个山区单元和21个平原单元，单元内的中小型水利工程作为虚拟的"河网"处理，根据各基本单元内不同水平年水利工程情况，分析山区和平原共40个单元的河网存蓄水能力和供水能力。

（3）供水资料

供水资料考虑1956~2000年共45年的逐月系列，包括17座水库天然和规划入库径流量，40个配置单元、11个行政区和21个水资源分区的降雨量资料，山区计算单元天然和规划水平年逐月径流量，平原计算单元逐月自产径流量及3个水平年的平原蓄水闸蓄水能力；40个基本单元4个水平年3个频率（25%、50%和75%）的地下水可开采量（含深层水允许开采量、规划开采量），不同水平年规划污水处理回用能力，水库、洼淀逐月水面蒸发量及不同水源的水量损失参数；引黄济冀、引黄入淀、南水北调中线一期、南水北调中线二期和南水北调东线二期、三期工程的45年逐月来水量及净水量。

（4）需水资料

需水资料包括40个基本单元3个规划年和1个现状年数据，包括电力工业、一般工业、建筑业、第三产业、城镇生活、农村生活和生态需水量；3个频率（25%、50%和75%）的农田需水和林牧渔业需水逐月需水资料；各单元3个频率年对水库的逐月需水过程；其他各种比例参数，用户对不同水源用水的优先序，水源供给用户的使用规则等。

6.4.2 水资源配置方案集

6.4.2.1 供水方案

(1) 现状水平年供水方案

供水方案统一按 1956~2000 年长系列历年实际地表径流适当考虑蓄、引、提等工程措施后进行分析计算。现状水平年供水以当地水为主，水源包括水库、洼淀、河渠供水、中水及地下水，外来水仅为引黄水。

水库工程主要考虑了调节水量较大的 16 座大型水库和 1 座中型水库。其他水库以"基本计算单元"为单位，将其库容进行合并处理。蓄水洼淀考虑了白洋淀、衡水湖、大浪淀等平原洼淀。现有外来工程为引黄入冀工程。潘家口水库滦河水量与天津的分水比采用现状确定的比例。

浅层地下水重点为山前平原全淡水区地下水，考虑其多年调节作用，经初步调节计算，3 个保证率（$P=25\%$、50%、75%）下地下水可开采量分别为 76.5 亿 m^3、95.9 亿 m^3、113.3 亿 m^3。深层地下水允许开采量全省为 10.85 亿 m^3（多年平均值），但允许年际有些差别。

污水处理回用量（中水）全省为 2.1 亿 m^3，微咸水利用量为 2.08 亿 m^3。

(2) 2015 水平年供水方案

在现状基础上考虑新建双峰寺水库，加高石河水库大坝，扩建衡水湖西湖。

调水工程考虑两种方案：一为基本方案，即 2015 水平年调水工程包括引江中线一期工程和引黄入冀工程，同时考虑滦河水进行适当调整（初步建议河北与天津的潘家口水库分水比例调整为 75%：25%）；另一为比较方案，假设引江中线不能如期发挥效益，达效期推迟到 2020 水平年，滦河水量分配按维持现状考虑。

为解决冀南地区严重的资源型缺水问题，按照"先通后畅"的原则，结合工程体系现状，完善现有引黄线路，开辟新线路，扩大引黄工程输水规模，构建"三纵、二横、四库"的骨干构架。其中，"三纵"指作为引黄工程输水干渠的东、中、西 3 条输水线路；"二横"指引黄工程中线和西线的互通工程江河干渠以及中线和东线的沟通工程大浪淀排水渠；"四库"指作为生态和工业生活供水目标的白洋淀、衡水湖、大浪淀和杨埕调蓄工程。近期重点解决邯郸东部和邢台局部农业灌溉用水问题，同时作为引黄中线的补充，相机向白洋淀、衡水湖、大浪淀供水，提高引黄供水保障程度。

微咸水可供水量取 3.61 亿 m^3，浅层地下水按 2015 水平年补给条件和地下水位等变化后的条件分析计算得出，$P=25\%$、50%、75% 保证率下可开采量分别为 79.6 亿 m^3、99.0 亿 m^3、116.3 亿 m^3，深层地下水供水方案与现状水平年相同，污水处理回用量为 7.6 亿 m^3。

(3) 2020 水平年供水方案

水库工程增加乌拉哈达、鸽子洞水库，新增蓄水能力 5660 万 m^3。

调水工程只考虑一个方案即基本方案。包括引黄入冀工程或引黄入淀工程、引江中线一期工程、引江东线二期工程，滦河水量调整河北省占 75%。

微咸水可利用量为 4.3 亿 m^3，浅层地下水 $P=25\%$、50%、75% 保证率下地下水可开采量分别为 78.2 亿 m³、99.0 亿 m³、115.8 亿 m³，深层地下水供水方案与现状水平年相同，污水处理回用量为 14.9 亿 m³。

(4) 入境及边界河流水量分配

河北省入境河流一般按现状水平年（1980~2000 年）实际入境水量再适当考虑上游用水增长。鉴于上游省（区）用水增长情况难以准确掌握，根据近十几年来海河流域各省（区）实际用水分析，规划水平年入境水量一般按上一规划水平年入境量再乘以 0.95~0.98 的折减系数后作为其入境水量。

漳河分水按照国发 [1989] 42 号文件精神进行分配，即漳河来水保证率 50% 年河北省、河南省分水比例为 48%、52%，来水保证率 75% 年河北省、河南省各分水 50%，河北省分水包括岳城水库分水和上游大、小跃峰渠引水，河南省包括岳城水库分水和上游红旗渠、跃进渠引水。卫运河的水量按河北省、山东省各分水 50% 进行分配。滦河水量分配按本次规划比例。拒马河水量为既未考虑北京市用水也未考虑北京市流域面积上的产水。

6.4.2.2 需水方案

鉴于河北省严峻的水资源短缺形势，选择强化节水条件下的 5 个需水方案进行分析，并参与水资源配置方案的比较，其有关指标详见表 6-17。

表 6-17 不同方案需水评价指标

方案	水平年	人口/万人	GDP/亿元	GDP增长率/%	人均GDP/元	人均粮食/kg	蔬菜面积/万亩	总需水量/亿 m³	需水量增速/%	需水弹性系数	单位GDP需水/(m³/万元)	人均需水量/m³
基准年（实际）		6 989	16 189	—	23 164	385	655	210	—	—	130	301
方案 I-2	2015 年	7 206	28 744	8.50	39 889	404	812	241	1.71	0.12	84	334
	2020 年	7 626	41 061	7.30	53 844	413	864	248	0.58	0.04	60	325
方案 II-2	2015 年	7 206	28 744	8.50	39 889	383	655	232	1.25	0.08	81	322
	2020 年	7 626	41 061	7.30	53 844	391	801	243	0.90	0.06	59	318
方案 III-2	2015 年	7 206	27 945	8.05	38 780	383	655	229	1.08	0.07	82	318
	2020 年	7 626	39 867	7.30	52 278	391	801	238	2.52	0.05	60	312
方案 IV-2	2015 年	7 206	27 945	8.05	38 780	377	275	212	0.13	0.01	76	295
	2020 年	7 626	39 867	7.30	52 278	381	335	219	0.61	0.04	55	287
方案 V-2	2015 年	7 206	26 594	7.30	36 906	383	655	225	0.87	0.06	85	312
	2020 年	7 626	37 300	6.90	48 912	391	801	232	0.62	0.04	62	304

(1) 从需水总量分析

方案 I-2 需水量最大，虽然经济得到高速发展，但不符合水资源可持续发展宗旨；方案 IV-2 需水量最小，但该方案农业生产结构调整力度最大，在减少农作物播种面积的同时，菜田面积却有较大的降低，不符合河北省近年来农业生产的实际和全面建设小康社会对农民增加收入的要求；方案 II-2、III-2 与方案 V-2 总需水量比较接近，但方案 II-2 和 III-2 比方案 V-2 2015 年前后经济发展速度要高，故方案 II-2 比较符合近期河北省发展目标。

(2) 从总需水与 GDP 弹性系数分析

弹性系数变化趋势相对平稳的方案应优于变幅较大的方案，方案Ⅳ-2 变幅最大，方案Ⅱ-2 和方案Ⅲ-2 大体相当，方案Ⅴ-2 弹性系数的变化最小，但其经济发展速度过低。

(3) 从单位 GDP 需水量分析

方案Ⅴ-2 单位 GDP 需水量最高，水的利用效率最低；方案Ⅳ-2 虽然水的利用效率最高，但由于菜田面积减少过多，可行性较差；方案Ⅱ-2、方案Ⅲ-2 相当。

综合评价方案Ⅱ-2 和Ⅲ-2 可满足一定的经济发展速度和水利用效率的要求，合理性、可行性与可操作性较强，因此选择两方案作为初步推荐方案。

(4) 供需协调方案

需求端方案与供给端方案进行协调、组合过程中，需求端在初步推荐方案的基础上再增加 3 个比较方案（Ⅰ-2、Ⅳ-2、Ⅴ-2）组成需水备选方案集。在供给端当地水只设 1 个方案，但因外调水（引江、引黄）有不同的实施方案（包括供水规模和实施年限），在每个水平年大体有两个方案，据此将组成不同的供水方案，与需水方案组合，最终得出水资源供需协调方案集，即以基本单元水量平衡为条件的"水资源配置方案集"（图 6-4）。

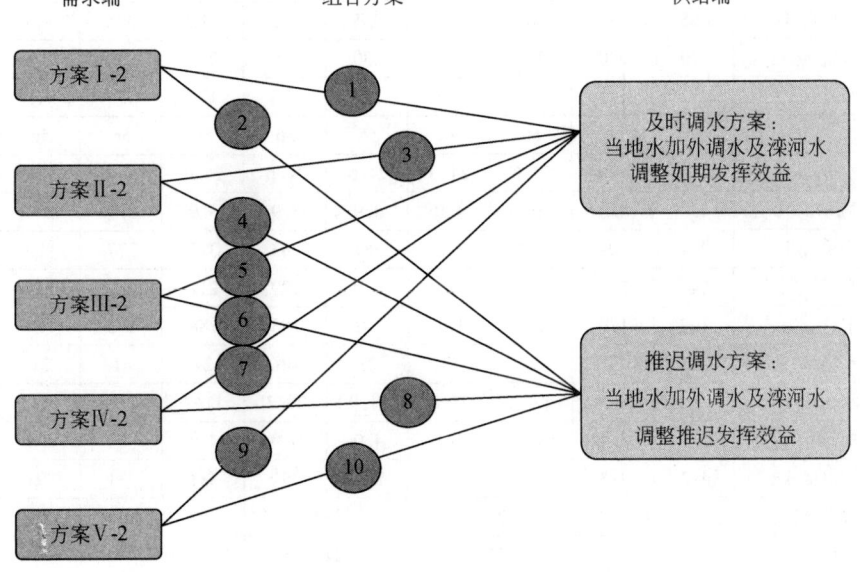

图 6-4　水资源配置方案组成示意图

6.4.3　水资源配置推荐方案

通过对各种水资源供、需配置组合方案的长系列模拟，得到了各方案所对应的缺水量和缺水率等指标。表 6-18 为强化节水条件下Ⅰ-2~Ⅴ-2 等 5 个方案的主要指标比较。在及时调水方案下，以上 5 个经济发展方案基准年至 2020 年年平均 GDP 增长率分别为 8.0%、8.0%、7.7%、7.7% 和 7.2%，人均粮食占有量为 377~413kg/人。各方案均以规划水平年地下水采补平衡为前提，即浅层地下水取可开采量，深层地下水取"允许开采量"计算可供水量,因此都不同程度地存在"缺水"。从缺水率看,2020年各方案的缺水率分别为14.9%、11.2%、10.8%、9.8%和12.1%。方案Ⅴ-2的经济发展速度最低,而其缺水率很高,应首先淘汰。方案Ⅰ-2虽然经济发展速度略高,但其缺水率最大,实现供需平衡的难度较大,对环境的负面影响也较大,不推荐该方案。方案Ⅳ-2缺水率最低,但其为农业用水低方案,农业生产结构调整力度过大,在减少农作物播种面积的同时,菜田面积也有较大的减少,不符合河北省近年来农业生产的实际和全面建设小康社会对农民增加收入的要求,也不宜作为推荐方案。方案Ⅱ-2与Ⅲ-2缺水率相当,但方案Ⅱ-2经济发展指标优于方案Ⅲ-2,比较符合河北省经济发展的实际和政府长期规划的要求,其缺水率虽略高,却实现了供需基本平衡。因此,从更多着眼于经济发展的角度,方案Ⅱ-2为本次规划的推荐方案。

表6-18 多年平均河北省水资源配置方案结果对比表

水平年	比较项目	方案Ⅰ-2 及时调水	方案Ⅰ-2 推迟调水	方案Ⅱ-2 及时调水	方案Ⅱ-2 推迟调水	方案Ⅲ-2 及时调水	方案Ⅲ-2 推迟调水	方案Ⅳ-2 及时调水	方案Ⅳ-2 推迟调水	方案Ⅴ-2 及时调水	方案Ⅴ-2 推迟调水
现状	人均GDP/万元	2.3	2.3	2.3	2.3	2.3	2.3	2.3	2.3	2.3	2.3
	人均粮食/kg	385	385	385	385	385	385	385	385	385	385
	需水量/亿 m^3	230	230	230	230	230	230	230	230	230	230
	供水量/亿 m^3	173	173	173	173	173	173	173	173	173	173
	缺水量/亿 m^3	56	56	56	56	56	56	56	56	56	56
	缺水率/%	24.6	24.6	24.6	24.6	24.6	24.6	24.6	24.6	24.6	24.6
2015	人均GDP/万元	4.0	4.0	4.0	4.0	3.9	3.9	3.9	3.9	3.7	3.7
	人均粮食/kg	404	404	383	383	383	383	377	377	383	383
	需水量/亿 m^3	241	241	235	235	229	229	212	212	225	225
	供水量/亿 m^3	199	179	203	181	202	183	188	172	194	176
	缺水量/亿 m^3	41	62	32	54	27	46	24	41	31	49
	缺水率/%	17.1	25.8	13.7	22.8	11.9	20.2	11.2	19.1	13.9	21.9
2020	人均GDP/万元	5.4	5.4	4.1	4.1	4.0	0.0	4.0	4.0	3.7	3.7
	人均粮食/kg	413	413	391	391	391	391	381	381	391	391
	需水量/亿 m^3	248		242		238		219		232	
	供水量/亿 m^3	211		214		212		197		204	
	缺水量/亿 m^3	37		27		26		22		28	
	缺水率/%	14.9		11.2		10.8		9.8		12.1	

注:及时调水方案指南水北调于2015水平年实施生效的方案,推迟调水主要指南水北调推迟5年至2020水平年实施生效。

6.4.4 推荐方案水资源供需平衡分析

表6-19列出了推荐方案的全省水资源供需平衡成果。该方案水资源利用态势为规划期内全省生活、工业、建筑业、第三产业和城市景观生态需水量一般呈缓慢上升趋势,只

有农业用水呈缓慢下降趋势,全省多年平均需水量缓慢上升,从现状水平年的 229.9 亿 m³ 上升到 2020 年的 241.6 亿 m³,增长 5.0%。

表 6-19 推荐方案河北省水资源合理配置供需平衡成果

水平年	保证率	需水量/亿 m³						供水量/亿 m³					缺水状况	
		生活	农业	工业建筑业	第三产业	城市景观环境	小计	地表水	地下水	外流域调水	其他	合计	缺水量/亿 m³	缺水率/%
现状	多年平均	15.3	177.8	32.8	3.1	0.9	229.9	62.5	107.9	1.1	1.9	173.4	56.5	24.58
2015及时调水	多年平均	20.0	166.8	40.0	5.6	2.8	235.2	64.7	106.3	24.8	7.2	202.9	32.3	13.74
	$P=25\%$	20.0	141.1	40.0	5.6	2.8	209.5	67.3	87.0	24.4	7.2	186.0	23.5	11.24
	$P=50\%$	20.0	168.9	40.0	5.6	2.8	237.3	53.3	110.0	25.5	7.2	196.1	41.3	17.38
	$P=75\%$	20.0	180.5	40.0	5.6	2.8	248.9	49.0	119.8	26.8	7.2	202.8	46.1	18.52
2015推迟调水	多年平均	20.0	166.8	40.0	5.6	2.8	235.2	63.8	109.2	1.3	7.2	181.5	53.7	22.84
	$P=25\%$	20.0	141.1	40.0	5.6	2.8	209.5	67.8	90.2	1.3	7.2	166.5	43.0	20.52
	$P=50\%$	20.0	168.9	40.0	5.6	2.8	237.3	50.7	113.4	1.3	7.2	172.6	64.7	27.27
	$P=75\%$	20.0	180.5	40.0	5.6	2.8	248.9	45.5	120.9	1.3	7.2	174.9	74.0	29.72
2020调水	多年平均	24.7	159.5	46.0	7.0	4.4	241.6	65.1	106.0	29.4	13.9	214.4	27.1	11.22
	$P=25\%$	24.7	136.8	46.0	7.0	4.4	218.9	68.1	86.1	29.1	13.9	197.2	21.7	9.90
	$P=50\%$	24.7	162.1	46.0	7.0	4.4	244.1	53.1	119.0	29.7	13.9	215.8	28.4	11.62
	$P=75\%$	24.7	172.0	46.0	7.0	4.4	254.0	50.2	121.1	32.5	14.0	217.8	36.2	14.26

及时调水方案下,全省多年平均当地地表水供水量呈缓慢增加趋势,从现状 62.5 亿 m³ 增加到 2020 年 65.1 亿 m³。地下水由于实施了控制超采方略,规划供水量逐步减少,多年平均地下水供水量从 107.9 亿 m³ 下降为 106.0 亿 m³。外流域调水将从现状的 1.1 亿 m³ 增加到 29.4 亿 m³,中水及其他供水量将从现状的 1.9 亿 m³ 增加到 13.9 亿 m³ 左右,全省供水总量将从现状的 173.4 亿 m³ 增加到 214.4 亿 m³ 左右,增加 23.6%。缺水量从现状的 56.5 亿 m³ 减少到 27.1 亿 m³,缺水率从 24.6% 下降到 11.2%。

推迟调水方案下,全省供水总量 2015 年比及时调水方案减少 21.4 亿 m³,缺水率提高近 10%。如果不实施强化节水,河北省缺水的形势将不能缓解,水资源供需矛盾将更加尖锐,水环境将更加恶化。由此可见,在强化节水或适度超采地下水的条件下,及时调水方案可实现全省水资源供需的基本平衡。

6.4.5 平衡结果分析

6.4.5.1 缺水结构

本次分析各规划水平年缺水量均以地下水不超采为前提(表 6-20)。及时调水方案下,各水平年的生活用水都能得到满足,电力工业缺水率均在 2% 以下,一般工业缺水率基本在 7% 左右,建筑业、第三产业缺水率一般不超过 3%,林牧渔畜缺水率为 39.7%,农灌缺水率从 29.8% 下降至 13.2% 左右,城市生态缺水率从 27.7% 下降至 5.7% 左右。从各用水户占缺水量的比重看,生产性缺水占最大比重,其缺水量占总缺水量的99%左右,其中以林牧渔畜和农灌为最大。为了缓解这类生产性缺水,应进一步开发利用非常规水源和充分利用土壤水,在局部地区还可以短期超采一些地下水。

推迟调水方案下,由于总供水量的减少,与及时调水比较河北省全省总缺水率2015年增加8.4%,受供水优先序的制约农业缺水增加最大。2015年农田灌溉缺水率将增加到26.7%,林牧渔畜缺水率将达到49.4%,一般工业、建筑业及第三产业缺水率均增加4%左右。

表6-20 推荐方案多年平均不同用水户缺水结构

水平年	分类	供水目标	需水量/亿 m³	缺水量/亿 m³	缺水率/%
现状	生活	城镇生活	6.3	0	0
		农村生活	9	0	0
	生产	电力工业	3.3	0	0
		一般工业	28.6	1.6	5.5
		建筑业	0.9	0.1	5.9
		第三产业	3.1	0.2	6.2
		农田灌溉	163.0	48.5	29.8
		林牧渔畜	14.7	5.9	39.7
	生态	城镇生态	0.9	0.3	27.7
	合计		229.8	56.6	24.6
2015及时调水	生活	城镇生活	10.5	0	0
		农村生活	9.5	0	0
	生产	电力工业	5.8	0	0.8
		一般工业	32.7	1.2	3.7
		建筑业	1.5	0	2.0
		第三产业	5.6	0.1	1.3
		农田灌溉	147.9	24.5	16.6
		林牧渔畜	19.0	6.3	33.1
	生态	城镇生态	2.78	0.18	6.5
	合计		235.28	32.28	13.7
2015推迟调水	生活	城镇生活	10.5	0	0
		农村生活	9.5	0	0
	生产	电力工业	5.8	0.1	1.3
		一般工业	32.7	2.5	7.6
		建筑业	1.5	0.1	6.0
		第三产业	5.6	0.3	5.3
		农田灌溉	147.9	39.5	26.7
		林牧渔畜	19.0	9.4	49.4
	生态	城镇生态	2.78	0.20	7.1
	合计		235.28	52.1	22.1

续表

水平年	分类	供水目标	需水量/亿 m³	缺水量/亿 m³	缺水率/%
2020 调水	生活	城镇生活	15.0	0	0
		农村生活	9.7	0	0
	生产	电力工业	5.9	0.1	1.7
		一般工业	37.9	1.9	5.1
		建筑业	2.2	0.1	3.1
		第三产业	7.0	0.1	1.9
		农田灌溉	139.2	18.4	13.2
		林牧渔畜	20.3	6.1	30.2
	生态	城镇生态	4.4	0.3	5.7
	合计		241.6	27.0	11.2

6.4.5.2 缺水分布

表6-21为河北省行政分区缺水状况。及时调水方案在不考虑地下水超采条件下，2015水平年多年平均行政区缺水量最大的为石家庄、沧州、保定和廊坊，分别缺水5.3亿 m³、4.6亿 m³、3.9亿 m³和3.9亿 m³。缺水量相对较小的为承德和秦皇岛。全省平均缺水率为13.7%，缺水率超过15%的市包括廊坊、沧州、张家口，其中廊坊高达27.4%。缺水率在10%以下的主要是唐山和邯郸。从区域上看，海河平原缺水量最大，占全省缺水量的69.3%，其次为山区，滦河及冀东沿海平原缺水量较小。

推迟调水方案情况下，2015水平年由于南水北调中线工程通水期延后和滦河水量分配维持现状，全省平均缺水率增加到22.8%。缺水量减少较大的是石家庄、保定。全省除承德、秦皇岛和邯郸外缺水率均超过15%。在区域上海河平原、滦河及冀东沿海平原缺水量均较及时调水方案增加，分别增加17.2亿 m³、2.2亿 m³。

表6-21 河北省主要行政分区缺水状况

水平年及方案	行政区	需水量/亿 m³	供水量/亿 m³	缺水量/亿 m³	缺水率/%	缺水占全省比例/%
2015 及时调水	邯郸	26.5	24.1	2.4	9.1	8.9
	邢台	20.0	17.6	2.4	12.0	8.9
	石家庄	35.4	30.1	5.3	15.0	19.6
	保定	34.4	30.4	4.0	11.6	14.8
	沧州	20.3	15.7	4.6	22.7	17.0
	衡水	15.8	13.7	2.1	13.3	7.7
	廊坊	14.1	10.3	3.8	27.0	14.0
	唐山	34.5	31.4	3.1	9.0	11.4
	秦皇岛	10.1	8.8	1.3	12.9	4.8
	张家口	13.9	11.5	2.4	17.3	8.9
	承德	10.2	9.2	1.0	9.8	3.7
	合计	235.2	202.9	32.3	13.7	119.2

续表

水平年及方案	行政区	需水量/亿 m^3	供水量/亿 m^3	缺水量/亿 m^3	缺水率/%	缺水占全省比例/%
2015推迟调水	邯郸	26.5	22.7	3.8	14.3	14.0
	邢台	20.0	15.2	4.8	24.0	17.7
	石家庄	35.4	23.6	11.8	33.3	43.5
	保定	34.4	26.7	7.7	22.4	28.4
	沧州	20.3	13.4	6.9	34.0	25.5
	衡水	15.8	13.1	2.7	17.1	10.0
	廊坊	14.1	8.1	6.0	42.6	22.1
	唐山	34.5	29.2	5.3	15.4	19.6
	秦皇岛	10.1	8.8	1.3	12.9	4.8
	张家口	13.9	11.5	2.4	17.3	8.9
	承德	10.2	9.2	1.0	9.8	3.7
	合计	235.2	181.5	53.7	22.8	198.2
2020调水	邯郸	27.1	24.7	2.4	8.9	8.9
	邢台	20.2	18.4	1.8	8.9	6.6
	石家庄	37.9	32.3	5.6	14.8	20.7
	保定	34.1	31.8	2.3	6.7	8.5
	沧州	20.6	18.4	2.2	10.7	8.1
	衡水	15.8	14.4	1.4	8.9	5.2
	廊坊	9.3	8.9	0.4	4.3	1.5
	唐山	16.0	12.5	3.5	21.9	12.9
	秦皇岛	35.9	32.1	3.8	10.6	14.0
	张家口	14.7	11.8	2.7	18.6	10.0
	承德	10.2	9.2	1.0	9.8	3.7
	合计	241.5	214.4	27.1	11.2	100.0

6.4.5.3 分区水资源配置

推荐方案仅考虑城市生态条件下的各行政分区不同水平年的水资源配置（表6-22）。

(1) 现状水资源配置

河北省现状总可供水量（正常供水能力）约为173.4亿 m^3，需水量约为229.9亿 m^3，缺水56.5亿 m^3。从行政分区看，地表水利用最多的为唐山市，利用量为15.0亿 m^3，其次为保定市、邯郸市和石家庄市，用水量均稍多于7亿 m^3，该部分用水除少量供城市城区外，绝大部分为农业灌溉使用。

从水资源分区看，将河北省分为滦河及冀东沿海、海河北系、海河南系山区、海河南

表6-22 推荐方案多年平均水资源配置成果汇总表（不含其他生态）

行政区	水平年	供水量/亿 m³							需水量/亿 m³						缺水量/亿 m³					缺水率/%
		地表水	浅层地下水	深层地下水	微咸水	外流域调水	中水	合计	生活	城市生产	农村生产	生产小计	生态	合计	生活	城市生产	农村生产	生产小计	生态	合计
邯郸	基准年	7.39	12.25	0.39	0.11	—	0.13	20.26	1.62	5.31	19.95	25.26	0.10	26.98	—	0.07	6.65	6.71	0.00	6.72	24.9
	2015	8.31	10.71	0.47	0.16	3.33	1.16	24.14	2.24	6.07	17.90	23.97	0.30	26.52	—	0.04	2.26	2.30	0.07	2.38	9.0
	2020	7.89	10.36	0.47	0.19	4.00	1.80	24.71	2.88	7.03	16.70	23.73	0.49	27.10	—	0.16	2.17	2.33	0.06	2.39	8.8
邢台	基准年	2.92	9.71	0.89	0.27	0.24	0.10	14.12	1.29	2.61	16.74	19.35	0.07	20.71	—	0.14	6.46	6.59	0.00	6.60	31.8
	2015	3.07	9.67	0.89	0.47	2.98	0.55	17.63	1.79	3.11	14.82	17.93	0.25	19.96	—	0.00	2.33	2.33	0.01	2.34	11.7
	2020	3.06	10.29	0.89	0.52	2.75	0.89	18.39	2.27	4.00	13.52	17.52	0.37	20.17	—	0.00	1.76	1.77	0.01	1.78	8.8
石家庄	基准年	7.07	14.51	0.08	—	—	0.40	22.08	2.47	6.49	24.07	30.56	0.24	33.27	—	0.54	10.63	11.17	0.01	11.19	33.6
	2015	7.09	14.95	0.08	—	6.92	1.08	30.12	3.11	8.48	23.23	31.71	0.59	35.41	—	0.14	5.14	5.29	—	5.29	14.9
	2020	7.33	14.52	0.08	—	7.73	2.64	32.30	3.96	10.25	22.80	33.05	0.89	37.90	—	0.20	5.41	5.60	—	5.60	14.8
保定	基准年	7.39	17.92	0.02	—	—	0.56	25.89	2.34	4.82	25.20	30.02	0.10	32.46	—	0.10	6.44	6.54	0.02	6.56	20.2
	2015	7.02	17.58	0.02	—	4.77	1.05	30.43	3.17	5.74	25.13	30.88	0.33	34.38	—	0.14	3.80	3.94	—	3.94	11.5
	2020	7.91	17.19	0.02	—	4.85	1.82	31.78	3.68	6.17	23.72	29.89	0.53	34.10	—	0.30	2.02	2.32	—	2.32	6.8
沧州	基准年	2.34	5.43	2.92	0.68	0.88	0.08	12.33	1.48	2.28	16.70	18.98	0.06	20.52	—	0.54	7.61	8.15	0.04	8.19	39.9
	2015	2.29	5.43	2.89	1.21	3.32	0.55	15.68	2.00	3.29	14.73	18.03	0.25	20.28	—	0.01	4.51	4.52	0.08	4.60	22.7
	2020	3.13	5.41	2.21	1.45	5.09	1.06	18.36	2.42	3.91	13.87	17.78	0.42	20.62	—	0.00	2.12	2.12	0.14	2.26	11.0
衡水	基准年	4.16	5.22	3.75	0.56	—	0.00	13.69	0.78	1.58	14.56	16.14	0.04	16.96	—	0.23	3.01	3.24	0.04	3.28	19.3
	2015	3.72	5.22	2.58	0.63	1.33	0.23	13.70	1.07	2.27	12.27	14.54	0.15	15.76	—	0.18	1.88	2.06	0.00	2.06	13.1
	2020	3.56	5.24	2.63	0.94	1.37	0.63	14.37	1.33	2.81	11.39	14.20	0.25	15.78	—	0.17	1.23	1.40	0.00	1.40	8.9

续表

行政区	水平年	供水量/亿 m³								需水量/亿 m³							缺水量/亿 m³					缺水率/%
			地表水	浅层地下水	深层地下水	微咸水	外流域调水	中水	合计	生活	城市生产	农村生产	生产小计	生态	合计	生活	城市生产	农村生产	生产小计	生态	合计	
廊坊	基准年	0.77	5.59	1.10	0.17	—	—	7.63	0.83	1.70	10.12	11.82	0.04	12.69	—	0.23	4.79	5.02	0.04	5.06	39.9
	2015	0.77	5.59	1.10	0.29	2.14	0.37	10.26	1.14	2.45	10.36	12.81	0.17	14.12	—	0.20	3.66	3.86	—	3.86	27.4
	2020	1.08	5.59	1.10	0.35	3.62	1.09	12.83	1.57	3.08	10.19	13.27	0.28	15.12	—	0.13	2.16	2.29	—	2.29	15.1
唐山	基准年	15.00	12.05	0.82	0.28	—	0.38	28.53	2.18	5.85	24.45	30.30	0.13	32.60	—	0.11	3.85	3.96	0.11	4.07	12.5
	2015	16.75	12.05	0.82	0.50	—	1.29	31.42	2.55	7.33	24.29	31.62	0.34	34.50	—	0.14	2.92	3.06	0.02	3.08	8.9
	2020	15.74	11.98	0.82	0.61	—	2.34	31.49	3.03	8.54	23.34	31.88	0.55	35.45	—	0.63	3.31	3.94	0.03	3.97	11.2
秦皇岛	基准年	4.40	3.77	0.06	—	—	0.30	8.54	0.73	1.60	7.46	9.06	0.05	9.84	—	0.15	1.15	1.30	0.00	1.30	13.2
	2015	4.81	3.52	0.05	—	—	0.42	8.79	0.93	2.12	6.95	9.06	0.14	10.14	—	0.14	1.20	1.34	0.00	1.34	13.2
	2020	4.91	3.73	0.06	—	—	0.51	9.21	1.11	2.40	6.91	9.30	0.21	10.62	—	0.19	1.22	1.40	0.01	1.41	13.3
张家口	基准年	4.61	6.57	—	—	—	—	11.21	0.85	2.08	9.71	11.79	0.05	12.68	—	0.02	1.43	1.45	0.02	1.47	11.6
	2015	4.74	6.57	—	—	—	0.23	11.54	1.12	2.92	9.75	12.66	0.13	13.92	—	0.02	2.36	2.38	0.00	2.38	17.1
	2020	4.72	6.53	—	—	—	0.55	11.81	1.35	2.99	9.90	12.88	0.22	14.45	—	0.05	2.60	2.64	0.00	2.64	18.3
承德	基准年	6.43	2.73	—	—	—	—	9.16	0.72	1.59	8.82	10.41	0.07	11.20	—	0.24	1.78	2.02	0.02	2.04	18.2
	2015	6.09	2.82	—	—	—	0.27	9.18	0.90	1.81	7.38	9.19	0.14	10.23	—	0.08	0.96	1.05	—	1.05	10.2
	2020	5.74	2.82	—	—	—	0.62	9.18	1.12	1.76	7.16	8.92	0.20	10.24	—	0.16	0.89	1.05	—	1.05	10.3
总计	基准年	62.48	95.75	10.03	2.07	1.12	1.95	173.44	15.29	35.91	177.77	213.68	0.95	229.91	—	2.36	53.81	56.17	0.31	56.47	24.6
	2015	64.66	94.11	8.9	3.26	24.79	7.2	202.89	20.02	45.59	166.81	212.40	2.78	235.21	—	1.10	31.03	32.13	0.18	32.31	13.7
	2020	65.07	93.66	8.28	4.06	29.41	13.95	214.43	24.72	52.94	159.49	212.43	4.41	241.55	—	1.98	24.88	26.87	0.25	27.12	11.2

系平原、内陆河 5 个较大的水资源分区，滦河片和海河南系平原以地表水供水量为主。基准年分区需水量中海河南系平原占总需水的 61%，其次为滦河及冀东沿海，占 19%。缺水最为严重的是海河南系平原，缺水率高达 31.4%，其次为内陆河，缺水率为 22.0%。

(2) 2015 水平年水资源配置

2015 水平年河北省地表水供水量将略有增加，随南水北调中线通水，外调水有效供水量将增加 23.66 亿 m³，微咸水利用量将由 2.07 亿 m³ 增加到 3.26 亿 m³，主要集中于沧州、唐山、邢台等市，中水利用等其他供水将由 1.95 亿 m³ 增加到 7.2 亿 m³。由于地表水、地下水联合调度和引江中线水的替换，浅层、深层地下水开采量都有所减少，浅层地下水将由现状 95.76 亿 m³ 减少为 94.11 亿 m³，深层水由 10.03 亿 m³ 减少为 8.9 亿 m³，但缺水量仍达 32.29 亿 m³。其中，农村生产缺水量最大，占缺水量的 96.6%，城市生产缺水为 1.1 亿 m³。缺水量最大的为石家庄市，缺水量为 5.28 亿 m³，其次为沧州市，缺水量为 4.6 亿 m³，保定市和廊坊市缺水量在 3.9 亿 m³ 左右，其他市缺水量均在 3.0 亿 m³ 以下。2015 水平年由于南水北调中线工程实施等，河北省缺水状况将得到有效缓解，各市缺水量都将大幅度减少。

从水资源分区看，随着 2015 年南水北调中线工程实施，河北省区域水资源配置格局将发生变化。海河南系平原缺水量由基准年的 43.9 亿 m³ 降低为 20.7 亿 m³，缺水率则由 31.4% 降为 14.8%，供水状况明显改善。滦河及冀东沿海和海河北系也将有所好转，其他区域若供水量的增加低于需水量的增加，则其缺水程度加重，宜进一步加强内陆河退耕还林、还草的力度，控制农业特别是商品菜田的种植面积。海河南系山区则应严格控制新建大型工业项目，特别是高耗水工业项目。

(3) 2020 水平年水资源配置

2020 水平年河北省地表水有效供水量与 2015 水平年相比总体变化不大，外调水有效供水量将增加到 29.41 亿 m³，主要为南水北调东线通水。另外，微咸水利用量随着淡水可用量的增加也将有所增加，而"中水"等其他供水量将有明显增加，达到 13.94 亿 m³。而由于地表水、地下水联合调度和外调水的增加，地下水的开采量将减少约 1.1 亿 m³，其中深层水将减少 0.62 亿 m³，缺水量进一步减少为 27.13 亿 m³。其中，缺水量最大的仍为农业，占缺水量的 92.1%，城市生产缺水为 1.99 亿 m³。缺水量最大行政分区的仍为石家庄市，缺水量为 5.6 亿 m³，其次为唐山市，缺水量为 3.97 亿 m³，再次为张家口市，缺水量为 2.66 亿 m³，其他市缺水量都在 2.4 亿 m³ 以下。可见，2020 水平年随着南水北调东线水的到来，邢台、保定、沧州、衡水、廊坊缺水进一步缓解，但由于唐山不在南水北调受水区，其缺水矛盾有所显现。总体上看，尽管河北省需水量仍在增加，但总缺水量仍比 2015 水平年有进一步的减少。

从水资源分区看，2020 年海河南系平原供水状况将进一步改善，缺水量降低为 13.1 亿 m³，缺水率低于 10%。滦河及冀东沿海和海河北系基本维持 2015 年水平，其他区域缺水仍然增加，因其在全省中的分量较小，对全省供水影响不大。

6.4.5.4 考虑生态需水的水资源配置格局

河北省 2015 年及 2020 年湿地、河道内（含部分地下水回补）生态环境需水量分别为

59.7亿m^3、61.4亿m^3，在现有工程和规划调水工程实施的情况下，一般年份不能满足，只能利用南水北调东线及引黄入淀对输水河道及白洋淀、衡水湖、南大港等湿地供水，2个水平年可供水量分别为1.34亿m^3、2.26亿m^3。河北省当地水可供生态的水量主要是丰水年利用水库的弃水改善环境，经过对大型水库和重点中型水库调节计算，多年平均可供生态的水量分别为9.2亿m^3、8.7亿m^3，这些水量远远不能满足生态的需求。因此，在考虑湿地、河道等生态环境需水条件下，河北省缺水量明显增加，各水平年总缺水率分别达到27.7%、25.6%，比不考虑其他生态增加14.2%左右，生态缺水量分别为49.3亿m^3、50.5亿m^3。

6.4.5.5 南水北调中线水量分配

河北省各区域引江水量的分配建立在优化模型宏观配置成果的基础上，并经过模型的长系列模拟，以"公平性"、"宽浅式破坏"为原则，通过分析各单元和用户的缺水率、保证率，适当调整各分区引江水量分配比例，以保证在引江来水较少的情况下，东部地表水水源较差地区能够获得相对较高的保证率。

南水北调东线工程供水目标主要为沧州市除任丘、肃宁、河间、献县以外的大部分县（市），衡水地区东南部故城、枣强、冀州、景县、阜城、武邑、桃城7个县（市、区），邢台地区的临西、清河和南宫3个县（市），包括白洋淀及其周边县（市）。南水北调东线水在2020水平年作为地表水水源向河北省供水的方案进行规划，水量为7亿m^3（其中，沧州4.0亿m^3，衡水2.5亿m^3，邢台0.5亿m^3），供水目标除工业外，其余用于农业及生态环境。

推荐方案引江中线各市分配水量和比例见表6-23。

6.4.5.6 引黄水量分配

如果考虑2015年前逐步完善和开辟中、东、西3条引黄线路，形成年利用黄河水5亿~10亿m^3的能力。2020年建成引黄西线工程专用通道，按照分配河北省水量15.67亿m^3计算，主要是向农业和生态供水，规划农业供水量11.99亿m^3，生态水量2.89亿m^3，河北省冀中南地区水资源严重短缺的形式能够得到较大缓解。邯郸、邢台、衡水和沧州2015水平年与不考虑引黄水量相比较，缺水率由13.8%下降到9.8%，2020水平年缺水率由9.4%下降到5.5%。但引黄入淀、引黄入冀工程供生活、生产的量较小，分水利用率较低。这主要是由于河北省东部调蓄工程能力不足和优先使用引江中线水等调度规则决定的，从根本上说是由于这些地区缺少调蓄工程造成的。

6.4.5.7 潘家口水库分水量调整

南水北调中线和东线工程实施后，天津市的用水状况将得到极大改善。20世纪80年代河北省为支援天津市缓解水危机而实施的引滦入津工程的背景将发生变化，应逐步调整滦河潘家口水库分水比例。2015年以后，在确保天津市区生活用水的前提下，应将潘家口水库作为天津市应急备用水源，将潘家口水库供河北的多年平均水量由现在的50%左右调整到75%左右。远期南水北调中线工程二期实施后，潘家口水库一般年可不再向天津市供水，天津市区出现缺水时由滦河水补充应急，优先供水。这样，河北省滦河和冀东沿海平

表 6-23 南水北调中线来水不同保证率下有效供水分配情况

(单位：亿 m³)

水平年	行政区	25%来水保证率					50%来水保证率					75%来水保证率				
		引江水量	供城镇	供农业	供淀注	弃水	引江水量	供城镇	供农业	供淀注	弃水	引江水量	供城镇	供农业	供淀注	弃水
2015	邯郸	3.5	3.5	—	—	—	3.3	3.3	—	—	—	3.3	3.3	—	—	—
	邢台	2.7	2.6	—	—	0.1	2.9	2.8	—	—	0.1	2.6	2.5	—	—	0.1
	石家庄	7.5	7.4	—	—	0.1	6.9	6.9	—	—	0	7.4	7.3	—	—	0.1
	保定	4.0	4.0	—	—	—	4.8	4.8	—	—	0	3.9	3.9	—	—	—
	沧州	2.4	2.4	—	—	—	2.7	2.7	—	—	—	2.4	2.4	—	—	—
	衡水	2.3	2.3	—	—	—	1.3	1.3	—	—	—	2.0	2.0	—	—	—
	廊坊	2.2	2.2	—	—	—	2.1	2.1	—	—	—	2.1	2.1	—	—	—
	合计	24.6	24.4	—	—	0.2	24.0	23.9	—	—	0.1	23.7	23.5	—	—	0.2
2020	邯郸	3.9	3.7	0.3	—	—	3.8	3.5	0.3	—	—	3.7	3.5	0.3	—	—
	邢台	2.2	2.2	0	—	—	2.4	2.4	0	—	—	2.1	2.1	0	—	—
	石家庄	8.2	8.2	—	—	—	7.7	7.7	—	—	—	8.1	8.1	—	—	—
	保定	4.5	4.5	—	—	—	4.8	4.8	—	—	—	4.4	4.4	—	—	—
	沧州	4.5	3.8	0.6	—	—	4.7	4.1	0.6	—	—	4.4	3.8	0.6	—	—
	衡水	2.5	2.5	0	—	—	1.4	1.4	0	—	—	2.2	2.2	0	—	—
	廊坊	3.7	3.0	0.7	—	—	3.6	2.9	0.7	—	—	3.6	2.9	0.7	—	—
	合计	29.5	27.9	1.6	—	—	28.4	26.8	1.6	—	—	28.5	27.0	1.6	—	—

原缺水状况将会得到有效缓解（表6-24）。

表6-24 不同水平年规划潘家口水库分配给河北省的水量表

方案	项目	现状	2015年	2020年
基本方案	分配水量/亿 m³	6.7697	8.3713	7.6953
	分水比例/%	50	75	75
比较方案	分配水量/亿 m³	6.7697	5.5809	7.6953
	分水比例/%	50	50	75

6.4.5.8 海水配置

河北省海水利用以沿海发电厂冷却用水的生产供水为主，另外秦皇岛市及曹妃甸工业区海水淡化和部分发电企业内部的海水淡化设施进行的海水淡化量用于生活。到2020年，生产用海水（折合淡水）由基准年的0.15亿 m³提高到1.43亿 m³，淡化后的生活用海水量2015年、2020年分别为0.561亿 m³、1.113亿 m³（表6-25）。

表6-25 河北省海水配置结果　　　　　　　　　　（单位：亿 m³）

行政分区	水平年	海水直接利用量（生产用水）		海水淡化（生活用水）	
		海水量	折合淡水	处理海水量	淡水量
秦皇岛	2015	9.60	0.24	0.05	0.015
	2020	13.20	0.33	0.10	0.030
沧州	2015	14.26	0.36	0.09	0.027
	2020	21.38	0.53	0.14	0.042
唐山	2015	18.07	0.45	1.73	0.519
	2020	22.99	0.57	3.47	1.041
全省合计	2015	41.93	1.05	1.87	0.561
	2020	57.57	1.43	3.71	1.113

6.4.5.9 重点城市水资源配置

河北省目前11个设区市中100万人口以上的特大城市为石家庄、唐山和邯郸市，50万~100万人口的大城市为保定、秦皇岛、廊坊和张家口市，20万~50万人口的中等城市为邢台、沧州、衡水和承德市。规划水平年11个设区城市水资源配置的总体格局是：南部7市以南水北调水为主要水源，适度增加城市中水的利用量，严格控制地下水的开采。现有地表水供水水源本着"还供农业"的原则，多数转供农业，并作为城市应急备用水源。东、北部4市在现有供水水源的基础上，不再新增地下水水源，适度增加的水需求基本以开发当地地表水和通过水源调配工程予以满足。

(1) 南水北调受水区设区市

河北省南水北调受水区7个设区市市区供水量中的当地水包括：①回用于城市环境和

部分工业的中水；②以城区地下水采补平衡为原则确定的浅层地下水可开采量，深层地下水不作为正常开采资源，仅作为应急备用水源；③当地地表水，原则上 2015 水平年南水北调中线一期全面实施生效后，现向城市供水的水库水量还供农业，历史上城市在河道取水的，按分水协议确定供水量，如邯郸市在滏阳河的取水。在南水北调中线配套工程建设的过渡阶段，一些城市新建的地表水引水工程可以暂时维持供水。2015 年以后外调水仅考虑南水北调中线一期工程分配给各市市区的水量，2020 水平年增加南水北调东线二期工程。各规划水平年 7 个市区用水暂不涉及南水北调中线二期、东线三期及增加引黄等外调水，认为这些新增水量只向市区以外供水。各市市区水资源配置成果见表6-26。从各市供需情况分析，南水北调工程的实施可有效缓解城市缺水状况，各城市规划水平年均能基本满足需水要求。

表6-26 河北省城市水资源配置结果　　　　　　　　　（单位：万 m³）

城市	水平年	可供水量 地表水	可供水量 浅层地下水	可供水量 污水处理回用	可供水量 外调水	可供水量 合计	需水量 居民生活	需水量 工业	需水量 建筑业	需水量 第三产业	需水量 生态环境	需水量 合计	余缺水量
石家庄	基准年	13 000	7 800	1 095	—	21 895	9 226	17 431	1 005	6 493	2 953	37 108	15 213
石家庄	2015	—	7 800	6 368	38 943	53 111	13 181	21 450	748	9 490	6 146	51 015	-2 096
石家庄	2020	—	7 800	7 642	53 613	69 055	15 870	22 718	689	11 680	8 036	58 991	-10 062
邯郸	基准年	5 108	3 609	—	—	8 717	5 967	19 062	311	2 562	789	28 691	19 974
邯郸	2015	5 108	3 609	3 124	19 585	31 426	7 008	18 482	304	3 212	2 439	31 445	19
邯郸	2020	4 918	3 609	4 275	29 085	41 887	8 277	17 290	263	3 867	3 119	32 816	-9 071
邢台	基准年	4 000	1 840	—	—	5 840	2 160	7 332	166	1 158	232	11 048	5 208
邢台	2015	—	1 840	1 550	12 040	15 430	3 158	9 129	278	1 722	954	15 241	-189
邢台	2020	—	1 840	2 015	18 390	22 245	4 106	9 958	239	2 250	1 339	17 892	-4 353
保定	基准年	6 320	3 420	1 200	—	10 940	3 182	7 383	341	1 852	417	13 175	2 235
保定	2015	—	3 420	1 770	17 835	23 025	4 812	9 212	277	2 768	1 771	18 840	-4 185
保定	2020	—	3 420	2 124	19 580	25 124	5 802	10 253	251	3 323	2 261	21 890	-3 234
沧州	基准年	—	—	80	7 850	7 930	1 621	3 555	128	668	189	6 161	-1 769
沧州	2015	—	—	1 010	11 240	12 250	2 725	5 051	243	1 217	740	9 976	-2 274
沧州	2020	—	—	1 212	16 240	17 452	3 741	5 659	192	1 692	1 185	12 469	-4 983
衡水	基准年	—	—	—	3 243	3 243	1 043	3 469	85	427	235	5 259	2 016
衡水	2015	—	0	2 400	10 068	12 468	1 817	4 882	125	811	606	8 241	-4 226
衡水	2020	—	0	2 400	11 213	13 613	2 281	5 263	89	1 032	794	9 459	-4 154
廊坊	基准年	—	—	—	—	0	1 355	1 729	89	791	257	4 221	4 221
廊坊	2015	—	—	800	12 739	13 539	2 839	3 404	201	1 703	1 203	9 350	-4 189
廊坊	2020	—	—	1 300	17 969	19 269	3 999	4 409	217	2 361	1 855	12 841	-6 428

续表

城市	水平年	可供水量					需水量						余缺水量
		地表水	浅层地下水	污水处理回用	外调水	合计	居民生活	工业	建筑业	第三产业	生态环境	合计	
唐山	基准年	1 863	15 859	1 330	17 400	36 452	6 857	28 731	442	4 426	1 027	41 483	5 031
	2015	1 721	15 859	4 450	27 900	49 930	9 917	31 579	519	6 381	2 875	51 271	1 341
	2020	1 723	15 859	7 300	32 400	57 282	12 902	33 837	475	8 171	3 788	59 173	1 891
秦皇岛	基准年	9 300	1 500	—	—	10 800	3 316	8 164	367	2 531	474	14 852	4 052
	2015	16 920	1 500	1 000	—	19 420	4 137	8 600	214	3 103	1 404	17 458	-1 962
	2020	16 920	1 500	1 200	—	19 620	5 227	7 886	170	3 856	1 951	19 090	-530
张家口	基准年	—	13 881	—	—	13 881	2 656	11 678	188	1 208	308	16 038	2 157
	2015	—	13 881	2 129	—	16 010	3 833	13 788	142	1 825	1 087	20 675	4 665
	2020	2 300	13 881	3 177	—	19 358	4 801	12 437	117	2 400	1 436	21 191	1 833
承德	基准年	—	6 920	—	—	6 920	1 643	4 296	148	779	727	7 593	673
	2015	5 000	6 920	1 279	—	13 199	2 461	5 602	122	1 230	888	10 303	-2 896
	2020	5 000	6 920	1 876	—	13 796	3 243	5 984	130	1 648	1 239	12 244	-1 552
河北省	基准年	39 591	54 829	3 705	28 493	126 618	39 027	112 830	3 270	22 893	7 608	185 629	59 010
	2015	28 749	54 829	25 880	150 350	259 808	55 886	131 179	3 173	33 463	20 114	243 815	-15 993
	2020	30 861	54 829	34 521	198 490	318 701	70 249	135 693	2 833	42 280	27 003	278 058	-40 643

（2）非南水北调受水区设区市

唐山市区以潘家口、大黑汀、邱庄和陡河4座大型水库通过引滦入唐工程连通供水为主。其中，陡河水库供水量为1963万 m³，引滦入唐水量现状供水量1.74亿 m³（到陡河水库），2015水平年供水量将增加至2.79亿 m³，2020水平年可考虑滦河水量的调整，供水量将增加至3.24亿 m³。

秦皇岛市以桃林口水库（引青济秦）和石河水库构成的地表水供水系统供水为主，其中石河水库各水平年可供水量为3000万 m³，桃林口水库现状供水量6300万 m³。2015年以后增加到1.392亿 m³（桃林口调节水量供秦皇岛市指标1.74亿 m³，考虑20%的输水损失，净供水量1.392亿 m³）。

张家口市区供水以地下水为主，除充分利用中水外，要积极开发利用地表水。规划乌拉哈达水库2020水平年发挥效益，供水量0.23亿 m³。承德市除维持地下水开采量、积极利用中水外，规划双峰寺水库于2015水平年实施生效，可供水0.5亿 m³。

从各市供需情况分析，秦皇岛、承德两市规划水平年均能满足需水要求，且略有富余；唐山市在适度调整潘家口水库供水量的条件下，可达到供需基本平衡；张家口市2015年由于乌拉哈达水库不能实现供水，城市需超量开采地下水，2020年后可达到基本平衡。

从供水构成看，河北省全省11个设区城市供水量外调水将逐步占主要地位，地下水和地表水的供水比例将逐步减少（图6-5）。

| 第6章 | 河北省水资源合理配置与供需平衡研究

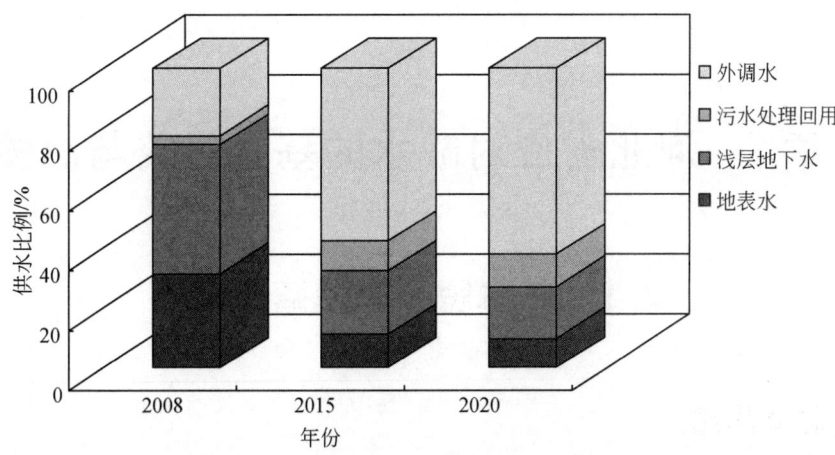

图 6-5 河北省设区市供水量构成图

第 7 章　河北省应对缺水的基本思路与总体方略

7.1　总体思路与遵循原则

7.1.1　总体思路

按照科学发展观要求，结合区域实际，面向未来经济社会发展需求，在水资源合理配置工作的基础上，河北省严重缺水问题解决的总体思路可以概括为"保民生、重生态、促和谐、多途径、分片区、抓重点"。

(1) 保民生

尊重人的全部生存权和普遍发展权，将改善人民的生存条件、提高人民的生活质量和增进人民的发展能力作为解决河北省严重缺水问题的出发点和归宿。具体要按照不同行业用水的保证率和水质标准需求，下最大力气以切实保障人畜饮水安全，提高生活和生产供水的安全保障程度，维护正常的生活和生产秩序。

(2) 重生态

正视和重视河北省生态与环境严重缺水和退化演变的现实，将缓解生态环境缺水与水资源过度开发利用放在突出位置，并立足于区域水资源本底条件，统筹规划，分步实施。近期以保护重点湿地、缓解地下水超采和城市人工生态建设为重点，逐步建立有效的生态环境基本用水保障体系，遏制和缓解河北省生态与环境不断恶化的趋势。

(3) 促和谐

维护水资源的社会服务功能属性，在解决严重缺水问题的过程中要切实体现社会文明，促进社会的和谐和公平。重点关注深度缺水地区和农村地区，维护地区与地区之间、城市与农村之间用水公平，重视农业和生态环境等传统经济弱势主体缺水问题的解决，注重社会弱势群体和阶层用水安全的保障，切实履行政府的公共服务和社会管理职能。

(4) 多途径

科学认识河北省水资源的自然禀赋和经济社会的结构特点与发展阶段，充分认识缺水问题的严重性、复杂性以及解决该问题的艰巨性和长期性。充分发挥政府管制、市场调节和公众参与等多元主体的作用，开源与节流并重，区内和区外结合，工程和非工程措施并举，采取一切可能的措施，同时积极争取国家和兄弟省市的支持，多管齐下，综合解决缺水问题。

(5) 分片区

尽管河北省整体属于资源型缺水地区，但不同地区水资源条件、经济社会结构和布局以及解决缺水问题的途径存在一定的差异，因此在解决区域缺水问题时，需要根据区域缺水的具体原因及其所具备的条件，分析可能实施的调控对策，分片区对症下药，提出有针对性的解决方案。

(6) 抓重点

河北省缺水是一个全范围长期积累的综合问题，因此不可能全盘解决，其解决也不可能一蹴而就，只能按照轻重缓急分步实施。近期要针对影响民生、制约发展的海河南系平原等重点缺水地区主要缺水领域及紧迫严重的问题，大力采取有效的解决措施和途径，迅速开展工作，争取尽快见到成效。

7.1.2 遵循原则

根据以上总体应对思路，河北省严重缺水问题解决工作的基本原则可以概括为"六个结合"。

(1) 节流与开源相结合

将建设节水型社会作为缓解河北省缺水问题的根本途径，进一步根据水资源承载能力优化产业结构和布局，完善用水总量控制与定额管理相结合的制度，大力推进各行业的节水工程和技术建设，不断提高水资源的利用效率和效益。在此基础上，加大雨洪水、再生水、海水、微咸水等非常规水资源的利用，充分发挥南水北调引江水效益，积极谋划扩大利用引黄水，对于仍有地表水开发潜力的地区进行适当开发。

(2) 加强管理与工程建设相结合

改变单纯以工程技术解决缺水问题的传统思路，强化用水需求管理和用水过程管理，强化水资源管理的制度建设、能力建设及其主体建设，营造良好的社会环境。同时加强必要的工程和管理设施建设，特别是人口饮水安全工程、非常规水资源利用工程、各行业节水基础设施以及南水北调中线配套工程建设等，软硬结合，建管结合，综合缓解河北省的严重缺水问题。

(3) 常规措施与非常规措施相结合

针对河北省现状和未来严重的缺水局面，要加大创新和改革力度，在采取常规应对措施的基础上，还需要针对特殊问题和特殊情景实施非常规的应对措施，如严重超采区的特殊管制手段，严重缺水地区促进农业节水的特殊经济政策运用，特殊干旱或缺水状态下的用水应急管理以及宏观虚拟水战略的实施等。

(4) 城市与农村相结合

统筹城乡协调发展，将保障农村人口饮水安全、缓解农业用水恶化形势放在突出位置。同时，加强缺水城市的供水保障，并进一步统筹城乡用水需求，构建城乡水循环系统和分质供水系统，将城市处理达标排水有针对性地用于农业灌溉、农村生态，提高农业灌溉保证率，改善农村生态环境。

(5) 区内与区外相结合

在立足区内节流、挖潜和水资源调配管理的基础上，积极争取外部支持，在抓紧实施南水北调干线和配套工程建设的同时，在中南部地区完善并扩大引黄工程，形成河北省的正常引黄供水体系。在北部地区争取中央政策支持，促进滦河、海河北系水资源分配格局的重新调整。

（6）近期与远期相结合

本方略的总体目标是要全面缓解乃至解决河北省的缺水状况，在全面规划的基础上整体推进、突出重点、分步实施，按照建设任务的轻重缓急区分近期、远期目标，强调针对性，提出各阶段特别是本届政府需要重点解决的问题，实现长期有目标、短期见成效。

7.2 总体方略研究

针对河北省严重缺水问题的诊断与识别结果，依据解决的总体思路和原则，基于各项解决措施的分析与水资源配置方案，本次研究提出八大方略以应对当前和今后一个时期内河北省严重的缺水问题，努力实现以水资源的可持续利用支撑经济社会的全面、协调和可持续发展。

7.2.1 实施最严格的水资源管理，全面建设节水型社会

7.2.1.1 实施最严格的水资源管理

（1）完善水资源管理制度体系

以总量控制和定额管理为核心，大力推进水资源管理的基本制度和配套制度建设，完善水资源管理的制度体系：①要在完善水资源规划的基础上全面推行取用水总量控制制度，特别是地下水总量控制，制定水量分配方案，建立覆盖省、市、县（区）三级行政区域的取水许可总量控制指标体系。②要实行严格的取用水管理，各市、县（区）要按照总量控制指标制定年度用水计划，实行行政区域年度用水总量控制，并建立相应的监管制度，完善取水计量监管体系。③切实加强水资源论证工作，积极推进国民经济和社会发展规划、城市总体规划和重大建设项目布局的水资源论证工作，推动水资源论证的着力点尽快从微观层面转入宏观层面，从源头上把好水资源开发利用关，增强水资源管理在宏观决策中的主动性和有效性。④要严格水资源费征收、使用和管理。综合考虑各地区水资源状况、产业结构与用水户承受能力，合理调整水资源费征收标准，扩大水资源费征收范围。特别是地下水超采地区，要实行特殊的水资源费制度，充分发挥水资源费在水资源配置中的经济调节作用。争取到2020年初步形成内容完备、运行有效的水资源管理制度体系。

（2）加强水资源管理能力建设

具体为：①在水资源调查评价的基础上，抓紧建立与用水总量控制、水功能区管理和水源地保护要求相适应的监控体系，加强对取用水户取水、入河排污口的计量监控设施建设；②在国家水资源管理信息系统框架下，推进河北省水资源监控与管理平台建设，全面提高水资源监管能力；③建立水资源统计指标体系，加强水资源公报等信息发布制度建设，及时向社会发布科学、准确和权威的水资源信息，正确引导社会舆论和公众行为；

④加强水资源管理的人员培训和组织机构建设，规范管理程序，提高管理水平，争取到 2020 年水资源管理能力有较大提高，基本适应水资源管理的实践需求。

7.2.1.2　全面推进节水型社会建设

(1) 大力推进各行业深度节水

在平原井灌区大力推广低压管道输水灌溉技术，在渠灌区大力完善渠道防渗工程，在设施农业和果树等经济作物上推行微灌技术。在缺水严重的黑龙港流域推广咸淡混浇与管道一体化技术，全面推广抗旱作物新品种、节水型灌溉制度、配方施肥技术等。推行建立农民用水协会、灌溉定额管理制度，实行灌溉用水计量控制以及灌溉工程承包管理等节水措施。实现到 2020 年河北省全省发展节水灌溉面积 2373 万亩，综合灌溉水利用系数提高至 0.77，工程节水量达 13.7 亿 m^3。工业上，加强工艺改造和设备更新，淘汰高用水的工艺和落后的设备。强化计划用水和循环用水，提高工业用水重复利用率和废污水处理回用率。采用风冷技术、再生水利用技术、高效人工制冷及低温冷却技术、高效洗涤工艺节水高效新技术，实现到 2020 年工业万元增加值取水量减至 28m^3 左右，工业用水重复利用率提高至 87% 以上，形成每年 10 亿 m^3 左右的节水能力。在城镇生活及三产方面，改造城市供水管网，降低管网漏失率，实现 2020 年城镇管网漏失率降至 10% 左右。全面推广生活节水器具，特别是新建居民小区和大型公共基础设施，实现到 2020 年节水器具普及率达到 100%，形成节水能力 3 亿 m^3/a。

(2) 节水型社会试点与单元建设

如期完成节水型社会"十一五"规划，制定和实施节水型社会建设"十二五"、"十三五"规划，全面推进河北省全省节水型社会建设。继续扩大节水型社会试点，充分发挥试点的示范和区域带动作用。水量分配、用水计量、节水激励、协会建设和水量流转是节水型社会的关键环节，在试点建设中要注意实现两个转变，即从过度依赖工程节水转变为制度激励与工程建设相结合，从单纯依靠行政推动转变为市场机制与行政管理相结合。到 2020 年实现全省节水型社会试点覆盖率达到 80% 以上，以全面提高试点地区水资源利用效率。全面推进节水型社会灌区、企业、社区、机关、学校等单元载体建设，到 2020 年实现节水型单元所占比例达到 30%。

(3) 提高全社会公众节水意识

充分利用各种媒体宣教平台，加大节水宣传教育的力度，注重节水宣传教育的有效性、针对性和延续性，改善人们的水资源利用和消费习惯，提高公众自觉节水意识，促进全社会自觉节水，到 2020 年全省节水氛围有较大提高。

7.2.2　大力争取区外新增水量，充分利用好引黄、引江水

7.2.2.1　建立正常的引黄供水系统

为解决冀中南地区严重的资源型缺水问题，按照"先通后畅、分期实施"的原则，结

合现状工程体系，确定完善现有线路、开辟新线路、谋划专用通道、扩大引黄工程输水规模的总体设想，谋划引黄工程东、中、西三条输水线路的引黄工程总体布局。

引黄东线工程为新开辟线路，规划由山东省境内小开河引水，通过管道输水至杨埕水库，重点解决沧州渤海新区和黄骅港的供水问题。工程设计流量 $8m^3/s$，设计年引水量 0.79 亿 m^3。该工程的重点是各级积极协调，尽早促成。

引黄中线工程主要依托现有的引黄入冀和引黄入淀工程体系，通过山东省位山引黄灌区输水系统，利用位山三干渠、穿卫枢纽，在临西县刘口进入河北省，重点解决大浪淀、衡水湖用水和邢台东南部、衡水南部、沧州中东部农业用水。主要引水时间是冬四月，其他时间相机引水。河北省渠首刘口涵洞设计流量 $65m^3/s$，设计年引水量 5 亿 m^3。另外，还可以利用潘庄线路作为现有引黄中线的补充，通过山东省德州市潘庄灌区输水系统，在干渠末端修建工程穿越四女寺减河和岔河，进入南运河。该线路可向河北省南运河沿线及运东地区相机供水。中线工程的重点是逐步打造成河北省永久性引黄工程，避免大量临时拆堵工程的投资浪费，需要尽快续签引黄协议，避免供水的不确定性和随意性。

引黄西线工程为新谋划引水线路，利用河南省境内现有灌溉体系输水至卫河，穿卫河后进入河北省。近期省外利用大功干渠线路，即原河北省"引黄入淀"规划中的红旗渠线路方案。利用该线路从黄河北岸封丘县曹岗（即原豫北红旗灌区红旗闸）引水，经大功总干渠（也称红旗总干渠）、金堤河、硝河于清丰县穿卫河进入河北，长 168km。省内输水线路推荐东风渠—老漳河方案，可通过东风渠，经老漳河、滏东排河输水至下游地区。将西线建设成白洋淀生态用水的长效工程，并可向邯郸东部、邢台中东部、衡水西部、沧州西部农业供水，也可相机向中、东线范围补水。设计入境流量 $80\sim100m^3/s$，主要在非灌溉季节引水，设计年引水量 9.88 亿 m^3。受献县杨庄涵洞及献县枢纽以下至白洋淀段渠道输水能力限制，目前入白洋淀流量为 $15m^3/s$，而本次规划扩大入淀规模为 $30m^3/s$。另外，濮清南干渠线路可以作为引黄西线的补充，相机引水，重点解决邯郸东南部的灌溉用水。引黄西线远期谋划专用通道，争取实现河北灌溉适时引水。

引黄工程引水量按照分配河北省水量 18.44 亿 m^3/a、入境水量 15.67 亿 m^3/a 计算。2015 年前逐步完善和开辟中、东、西三条引黄线路，形成年利用黄河水 15.67 亿 m^3 的能力。在南水北调中线一期工程通水后，城市利用的黄河水主要供农业，规划农业供水量 11.99 亿 m^3/a，生态水量 2.89 亿 m^3/a，沧州渤海新区水量 0.79 亿 m^3/a，东、中、西三条线路规划总投资 18.43 亿元（不含西线省外投资）。

7.2.2.2 加速境内南水北调工程建设

按照国家南水北调工程的统一部署，扎实做好南水北调河北段总干渠工程建设，积极推进南水北调配套工程建设，大力促进南水北调尽早发挥效益。

南水北调中线一期每年向河北省供水 30.4 亿 m^3，2014 年将实现中线工程全线贯通，东线二期工程每年可向河北省供水 7.0 亿 m^3，规划 2020 年实施，因此要加速境内的南水北调中线配套工程建设。根据"河北省南水北调配套工程规划"，为实现所有供水目标均可直接利用江水的目的，构建"两纵六横十库（引、输、蓄、调）"的供水网络体系。另外还规划有28座中、小型平原调蓄工程,布置101条引水管道并与城市供水的净水厂、自来水管网衔接。

配套工程估算总投资323.27亿元,其中2015年前完成工程投资42.22亿元,建成向受水区7个设区市、部分重点工业区和部分县城供水的大型输水干渠、供水管道工程,使包括省会石家庄在内的32个供水目标具备利用南水北调水的条件,供水规模达到16.64亿m^3/a。2015~2020年完成工程投资116.65亿元,配套工程建设完成,新增供水目标80个,增加供水规模13.75亿m^3/a,使全部112个供水目标均具备利用南水北调水的条件。

7.2.2.3 推进滦河流域水资源重新分配

南水北调工程实施生效后,天津市供水条件将得到极大改善,而河北省唐山、秦皇岛特别是曹妃甸工业区的发展用水需求快速增长。为扩大南水北调工程受益区,实现外调水条件下的流域水资源合理配置,北部地区积极争取国家对南水北调间接受益区进行水源置换,重点推进滦河流域水量分配方案的调整。具体来说,在南水北调中线一期工程实施后,在优先保证天津市区生活用水的前提下,宜适当调整潘家口水库对天津市的供水量,将潘家口水库供河北省的多年平均水量由现在的50%左右调整到75%左右。远期南水北调中线二期和东线二期工程实施后,潘家口水库可以定位为天津市的应急备用水源,一般年份不再向天津市供水,以满足冀东地区的用水需求。

此外,于桥水库的原协议有河北省25%的分水比例,一般年份河北省分水量为0.6亿m^3/a,供水初期1978~1981年基本能按分水比例供水,最大年供水量0.5亿m^3,1982年后供水基本无保证,1990年完全停止供水。南水北调中线建成后,也应恢复于桥水库向河北省的供水指标。

7.2.3 加速民生水利建设,保障城乡居民饮水安全

7.2.3.1 着力建设农村人口饮水安全工程体系

河北省现有2323万饮水不安全人口,其中饮水水质不达标问题最为突出,该部分人口占66%,其次是供水保证率低、水量不达标。将解决农村人口饮水安全问题作为缺水问题的头等大事,按照水利部统一部署,遵循"因地制宜、稳定解困、先急后缓、突出重点"的原则,在山区首先选择修建引泉工程,其次实施机井、集雨等工程,使群众实现"正常年份吃水在家,一般干旱年份吃水在村,特别干旱年份出村不出沟"的目标。在丘陵区以打中深机井及兴建引水库水、河水工程为主,在坝上地区以中深机井为主,在苦咸水和高氟水地区,靠机井配置电渗析、反渗透除咸降氟降碘等设备解决水质问题。对于因地下水埋深浅水质受到污染的村庄,可采取封闭浅层水,开采合格深层地下水等办法。此外,突破以村庄为单元独立供水、改水模式的局限性,采取整县推进与重点工程相结合的供水方式,特别是在有条件的平原、盆地区域大力推广联村集中供水工程,实现自来水入户。规划总投资为114.48亿元,到2018年全面解决河北省农村人口饮水不安全问题。

7.2.3.2 推进重点城镇供水工程建设

中南部地区的城镇供水均可通过南水北调配套工程的建设而逐步得到保障。在南水北调全线通水前，先期建设廊坊干渠，利用现有的南水北调京石段应急供水工程及水源解决廊坊市的供水问题。尽快启动沧州西部区域可与引黄水、当地地表水结合使用的平原调蓄工程，以保证任丘石化基地、河间市等地经济发展的迫切需要。安排建成杨埋调蓄工程，满足沧州渤海新区发展用水。北部地区的唐山、秦皇岛、张家口、承德四个市通过修建引蓄水工程提高城市供水能力，改善供水条件。

7.2.4 完善工程与机制体系，促进水生态环境修复

7.2.4.1 加大地下水资源保护和修复

南水北调实施前，要按照《河北省人民政府关于开展城市自备井关停与地下水限采工作的通知》要求，继续加强城市自备井的关停力度，通过优化配置和合理调度水资源，逐步对城市自备井实行关停，以减少地下水超采，改善地下水环境状况，保障城市供水安全。

南水北调实施后，要利用南水北调配套工程未全部完成的过渡期，将城镇不能消化的江水用于环境补水，重点修复地下水环境，如利用滹沱河等天然河道和沙坑作为引渗回灌场，回补地下水，以增加地下水的资源总量。同时，要全面开展地下水超采区治理，逐步修复一亩泉、百泉泉群等的生态环境。

7.2.4.2 构建重点水生态系统保护体系

实施"南大港水库湿地补水"工程，将岳城水库水、黄河水、江水、山前水库等水源互相沟通，建立白洋淀、衡水湖、南大港等重要湿地的生态补水长效机制。在资源配置上要考虑石家庄太平河（汊河）、唐山市区陡河、承德市区武烈河、保定市区府河、邢台市区七里河及小黄河、邯郸市区及衡水市区滏阳河等城市河道一定的水面需水量。

将生态用水管理和基本生态需水保障纳入到水资源管理的日常工作范畴当中来，建立基本生态用水的保障制度和工作机制，确定补水的对象、水源以及启动补水措施的实施条件，同时加强对重点水生态系统水情和演变态势的监测，促进省区生态系统的保护和修复。预计到 2020 年，可形成针对重点水生态系统的保护体系和工作机制。

7.2.4.3 推进减排工程和管理体系建设

完善污水收集管网建设，到 2015 年应使所有已建成的污水处理厂纳入良性循环轨道，2020 年则要对已有污水处理厂进行扩建改造，同时继续完善城市排水设施，新建城区和老城区全部实施清污分流，有效截留城市污水，使已经建成的污水处理厂实际处理污水量达到设计规模。

结合区域涉水事务一体化管理体制改革，建立健全污水处理和减污减排管理体系，完善对污水处理后排水水量与水质的监测和管理体系，将污水处理费的支出与污水处理量和达标处理情况结合起来，形成根据污水实际处理状况支付污水处理费。

7.2.5 加大非常规水源利用，充分挖掘区内潜力

7.2.5.1 大力推进污水处理回用

推广废污水的再利用。再生水主要作为电厂冷却用水，其余可用于城市河湖生态和市政，处理后可用于农田灌溉。规划 2020 年河北省全省投资污水处理回用 168.8 亿元，污水处理回用率将达到 60%，再生水利用量将达到 14.6 亿 m^3。

7.2.5.2 实现雨洪资源综合利用

充分利用雨水和汛期河道洪沥水。海河南系山区洪水出山后需经过较长的平原河道最终入海，具有较大的洪水资源利用潜力。分析表明河北省海河南系 10~20 年一遇可利用的洪水资源潜力为 8.7 亿~11.7 亿 m^3/a。其利用方式主要有：改进现有水库的调度运用方式，建设平原河系沟通工程、山区和城市集雨工程及平原滞蓄工程。其中，重点是完善以黑龙港和运东地区为主的海河南系平原河网渠系洪水利用系统，形成连接滏阳河水系与黑龙港乃至运东地区、黑龙港与清南地区的洪水利用河渠洼淀水网系统。如此，河北省全省可实现 10~20 年一遇的大水年相机利用洪水资源 7.81 亿~9.91 亿 m^3/a。

7.2.5.3 有效利用区域微咸水资源

河北省中东部平原微咸水可开采量为 7.39 亿 m^3，与淡水混合可供农业灌溉利用。受开采技术条件和咸淡水混合比例等的制约，这部分资源很难全部利用。在有条件的地区，应积极推广地下水咸、淡混浇。规划到 2020 年增打浅井 0.72 万眼，投资 0.36 亿元，实现利用微咸水 4.33 亿 m^3。

7.2.5.4 加大沿海地区工业企业海水利用

引导和鼓励高耗水工业向沿海地区转移，以充分利用海水资源。曹妃甸工业区、秦皇岛电厂、黄骅电厂及港口等沿海地区工业用水应积极采用海水冷却和海水淡化技术，替代新鲜淡水取用量。近期规划海水直接利用 41.93 亿 m^3，折合淡水量 1.05 亿 m^3；海水淡化工程处理海水 2.09 亿 m^3，折合淡水后利用量为 0.63 亿 m^3。远期规划累计直接利用海水量达到 57.57 亿 m^3，折合淡水量 1.44 亿 m^3；海水淡化工程处理海水 4.03 亿 m^3，折合淡水后利用量为 1.21 亿 m^3。

7.2.6 强化水资源的综合配置，推进多水源联合调度

7.2.6.1 推进城乡水务一体化管理体制改革

1）在河北省全省范围内进一步推动水资源统一管理制度的落实。水资源统一管理是权属的统一管理，各级水行政主管部门必须切实担负起《中华人民共和国水法》赋予的水

资源权属统一管理的职责，建立、健全有关机构，全面行使水资源开发、利用、节约、保护的行政管理职能。

2）实现工作领域从农村水利向城乡一体化水务的转变。以建立节水防污型社会为目标，对城乡水资源全面规划、统筹兼顾、优化配置。统筹农村供水与城市供水、城市防洪工程与城市建设，实行城乡防洪、供水、排水、污水处理、再生水回用、地下水回灌的统一规划和统一调度。

3）政府水务管理的方式要从直接管理向间接管理转变，实现从静态管理到动态管理的转变、从实物管理到价值管理的转变、从前置性审批管理向全过程监督管理的转变以及从管理领导班子向委派产权代表参与企业管理的转变。

4）在依靠地方政府完成全省各级水资源统一管理机构设置的前提下，重点推动省市水务一体化管理机构的建设和职能转变，协调各部门关系，形成统一管理、团结治水的水务管理格局。进一步建立健全和完善地方性水务管理法规、规章和制度，加强执法监督和工作指导。

5）运行机制从单纯的政府建设管理向政府主导、社会统筹、市场运行、企业开发转变。充分发挥市场机制在水资源管理中的作用，改革水资源配置格局，推进水利产业化与市场化进程。

7.2.6.2 实现城乡水资源统一配置和联合调度

统筹考虑区域用水需求和不同水源，考虑不同水量保证率和水质要求，按照"一保生活、二保工业和高效农业、三保生态环境"的原则，合理配置生活、生产和生态用水，将过去的水资源以需定供转变为在加强需水管理基础上的水资源供需平衡战略，从牺牲生态环境保生产转变为保证生态环境基本用水的水资源配置战略。实施分质供水，实现区域城市和农村水资源的统一配置，促进高耗水产业的改造和技术升级，发展低耗水产业，提高单位水量的效益。重点促进城市处理达标排放的再生水用于农业灌溉以及在外调水供给城市和工业区域内水源的合理调整，同时着力完善多水源的联合调度的基础设施和管理体系，实现当地水、外调水和非常规水资源的联合调度。

7.2.7 创新水价格和经济制度，发挥市场配置资源作用

7.2.7.1 推进水价体系改革

要协调各种水价之间的比价关系。提高水资源费标准，使城市公共供水管网覆盖范围内利用自备井取用地下水的成本高于取用管网供水的成本，使城市供水企业取用地下水的制水成本高于取用地表水的制水成本，从而鼓励使用地表水，促使企业自觉关停自备井。在南水北调工程通水后，制定优先利用外来水的水价政策。随着城市供水价格的调整，自备井水资源费标准要同步进行调整。再生水价格要远低于常规水资源水价，以引导用水户积极使用再生水，促进污水资源化。

采取小步快跑的方式逐步提高水利工程供水和城市供水价格。水利工程供水价格要逐步调整到补偿成本加合理利润，2010年全省居民生活用水价格水平平均每立方米达到4.5元左右。行政事业、工商企业用水水价高于生活水价，宾馆餐饮服务和特种行业用水价格要大幅度提高。加强用水定额管理，积极推行阶梯式水价。

推进农业用水价格改革。以农业用水计量收费为方向，逐步推行面向农民的终端水价制度，降低供水成本，根据农业用水承受能力，逐步提高农业用水价格，推行总量控制、定额管理的农业用水管理措施。在完善用水计量设施的基础上（特别是在超采井灌区），推广"提补水价"农业水费收取方式，建立节水激励机制，实现节水与用水户利益挂钩，激发用水户自主自愿节水的内在动力。要加强监督检查，杜绝农业用水乱收费现象，减轻农民的水费负担。

合理征收城市污水处理费标准，制定利用再生水的供水价格。污水处理费标准要达到保本水平。再生水价格以补偿成本和合理收益为原则，为鼓励社会各用水部门利用中水，中水价格应控制在常规水资源价格的50%左右。

7.2.7.2 健全节水激励机制

结合各行业节水型单元载体的创建活动，在节水专项资金中列支一定的经费，推行"以奖代补"政策，加大对节水成绩突出的企业、单位和个人的奖励和表彰力度，促进节水激励机制的形成。

根据国家有关规定，制定有效促进节水的地方财税政策。按照《财政部、国家税务总局关于资源综合利用及其他产品增值税政策的通知》（财税［2008］156号）要求，对销售再生水的企业实行免征增值税政策，对于工业水循环利用率高的企业将减免征收一部分的排污费，对于节水型企业或是再生水利用企业在贷款等方面给予一定的优惠政策，对于工业节水关键技术示范推广和重点企业技术改造，政府给予一定的补贴。

7.2.7.3 探索水市场交易

在搞好初始水权分配的基础上，加快推进水权转让试点和制度的建设工作。做好水权转换试点，扩大试点范围，深入探索水权流转的实现形式，鼓励水权合理有效流转，充分发挥市场作用，优化水资源配置。健全相关监管制度，规范水权的分配、登记、管理、转让等行为，切实保障利益相关者的合法权益。

7.2.8 优化产业结构和布局，实施"虚拟水"战略

7.2.8.1 大力发展循环经济

河北省处于工业化中期阶段，重化工业发展迅速，但以往的经济发展很大程度上取决于煤炭、钢铁、陶瓷、水泥等传统资源型经济的拉动，发展循环经济的需求十分迫切。今后一个时期国民经济发展总体规划以及各类专项规划、区域规划和城市总体规划，要把发

展循环经济放在重要的位置。在此基础上，重点在钢铁、石化、建材、电力及相关资源型和高耗能、耗水产业中大力发展循环经济，使优势主导产业在发展循环经济中实现结构升级。同时，加快立法，通过相关法规、政策和管理体系促进循环经济在河北省省内健康有序地发展。

7.2.8.2 优化产业结构和布局

河北省目前在产业结构和布局中仍然存在产业高级化进程缓慢、资源约束性明显、生产力布局与区位优势错位、地区间经济发展严重不协调等突出问题。要大力促进产业结构优化升级，实现"稳定农业、做强工业、壮大服务业"的目标。要适应区域水资源条件，优化调整种植业结构，提高低耗水高产出的经济作物比例。实现工业初级化向高级化转变，延长产业链条，加快产品更新换代，推动技术密集型加工业的发展，实现工业结构由初级阶段向高级阶段的转变。在布局上充分发挥河北省沿海能源港、矿石港基础优势及沿海地区土地资源优势，推动重化工产业发展重点战略东移，发展临港经济，充分利用丰富的海水资源。

7.2.8.3 实施虚拟水战略

河北省是国家重要的粮食主产省和肉、蛋、奶、蔬菜生产大省，为保证国家粮食安全做出了巨大贡献。据统计，2001~2006年河北省年净调出粮食85万~257万t，平均162万t，外调肉类296万~415万t，平均354万t。仅农业方面，初步估算每年净调出虚拟水量29亿~33亿m^3，与南水北调中线一期工程分配给河北省的水量相当。今后一个时期，在保障完成国家粮食安全任务的基础上，要实施虚拟水战略，适度调整产品的进出口结构，降低高耗水产品的出口量，增加高耗水商品的进口量，从虚拟水层面促进区域水资源的供需平衡。

第8章 河北省缓解严重缺水近期实施任务研究

8.1 目标和工作任务

8.1.1 实施目标拟定

本方略的实施分为近期、远期两个水平年，依据水资源合理配置结果，结合方略整体安排，于2008年提出了近期（2015年）缓解缺水问题工作的实施意见，对远期（2020年）侧重缺水应对宏观方略的制定。

近期目标（2015年）：力争到2015年河北全省整体缺水状况得到缓解，农村安全饮水人口比例达到92%，农业用水灌溉保证率有所提高，地下水超采量减少15亿 m^3，初步建立重点生态系统的补水机制。

远期目标（2020年）：力争全省基本实现农村人畜饮水安全，一般年份实现水资源供需的基本平衡以及地下水采补基本平衡，最基本的生态用水得到初步保障，水生态环境恶化的趋势得到遏制。

8.1.2 近期工作任务

根据近期实施目标，为缓解当前一个时期严重缺水情势，将重点开展以下10个方面的重点工作。

8.1.2.1 试点带动与整体推进相结合，加快节水型社会建设进程

按照"全面规划、重点突出、分步实施、示范带动、整体推进"的建设模式，以试点建设为中心，以农业节水为重点，全面开展工业和生活节水，加快国家级节水型社会试点廊坊市、石家庄市、邯郸市、衡水市桃城区以及省级节水型试点迁安市、任丘市、隆化县、博野县、怀安县、卢龙县、成安县、元氏县和邢台市桥东区的节水型社会建设。在充分总结先期试点经验的基础上，推广扩大节水试点建设规模，2010年年末河北省全省开展节水型社会试点建设的县（市、区）达到84个，全省节水型社会试点覆盖率达55%以上。

加大农业节水的投入力度，建设节水农业综合技术体系，即建设高标准的节水灌溉工程、完备的用水计量设施，构建健全的用水管理组织，采取科学的用水制度和完善的农业节水措施。近期重点在河北省粮食主产区太行山山前平原和滦河冀东沿海平原的灌区实施渠道防渗工程，在地下水严重超采的黑龙港及运东低平原区实施低压管道灌溉和建设咸淡

混浇工程。全省发展节水灌溉面积 1400 万亩,其中低压管道输水灌溉面积 1079 万亩,渠道防渗面积 155 万亩,喷灌面积 87 万亩,微灌面积 79 万亩。全省建成 32 个节水灌溉示范区,并配套建设相应的试验和计量、检测设施,可形成年节水能力 7.61 亿 m^3。总投资为 58.2 亿元左右,其中节水灌溉工程投资 53.7 亿元,节水灌溉配套计量设施建设投资 3.0 亿元,节水灌溉试验站点建设及科研投资 4700 万元,农艺节水技术研发与推广投资 3500 万元,节水管理体系建设及宣传培训投资 3200 万元,典型示范区建设投资 3200 万元。

8.1.2.2 构建完善的引黄工程体系,加速南水北调配套工程建设

(1) 完善引黄工程体系

引黄工程因其工程简单、投资少、见效快且能缓解河北省最缺水的黑龙港运东地区水资源短缺而成为首选项目。近期宜初步建成中、西、东三条引黄输水线路,实现向河北省中东部地区供水,重点补充农业和白洋淀生态用水,并改善该区域地下水状况。引黄工程河北省省内总投资 17.14 亿元,其中引黄西线 6.33 亿元,中线 4.28 亿元,东线 6.53 亿元,可使引黄水利用量达到 15.67 亿 m^3。

1)引黄中线工程。依托现有引黄入冀和引黄济淀工程,重点解决衡水湖、大浪淀用水和邢台南部、衡水南部、沧州中东部农业灌溉用水,并可向杨埕调蓄工程补水。通过完善现有工程体系,努力将其建设成为河北省永久性引黄工程,实现年引水量达到 5 亿 m^3。

2)引黄东线工程。该工程为新开辟线路,由山东省滨州市境内小开河引水,通过管道输水至杨埕调蓄工程,重点解决沧州渤海新区用水问题,实现年引水量达到 0.79 亿 m^3。

3)引黄西线工程。该工程为新谋划引水线路,近期打通大功干渠线路,并利用濮清南灌干渠加五支渠作为补充,建设成白洋淀生态用水的长效工程,并重点解决黑龙港地区农业灌溉用水,实现年引水量达到 9.88 亿 m^3。

4)引黄水量。综合中、西、东三条引黄线路输水,近期引黄入境总水量为 15.67 亿 m^3,其中分配给农业水量为 11.19 亿 m^3,生态水量为 2.89 亿 m^3,城市及工业用水为 1.59 亿 m^3。控制灌溉面积 650 万亩,可实现适时灌溉面积 156 万亩。

(2) 加快南水北调配套工程建设

配套工程是确保江水"调得来、用得上"的关键环节。河北省南水北调受水区范围大、供水目标多,需要建设大量的输水、调蓄、净水、配水等工程,建设任务十分繁重。本着先通后畅、逐步实施的原则,近期建成 5 条大型跨市输水干渠,投资 56.4 亿元。建成向中线总干渠沿线邯郸、邢台、石家庄、保定 4 个设区市及部分重点工业区供水的管道工程,投资 4.6 亿元。建成向涿州、高邑等 25 个县城供水的输水管道工程,投资 6.5 亿元。配套工程使包括省会石家庄在内的 32 个供水目标具备利用南水北调水的条件,总投资 67.5 亿元,供水规模达到 16.64 亿 m^3。

8.1.2.3 农村人口饮水安全保障基础设施体系建设

突破农村饮水以村为单元独立供水、改水模式的局限性,以馆陶、南宫、青县、容城、固安、阜城、栾城和玉田 8 个整体推进县为重点,采取整县推进与重点工程相结合的

供水方式，特别是在有条件的平原、盆地区域大力推广联村集中供水工程，实现自来水入户。近期河北省全省拟建集中供水工程10 781处，涉及2082万人（其中饮水不安全人口1870万人，饮水安全人口212万人），投资90.5亿元。工程包括：扩户工程100处，涉及人口181万人（其中饮水不安全人口162万人，饮水安全人口19万人），投资6.40亿元；修建联村集中供水工程1358处，涉及1422万人（其中饮水不安全人口1230万人，饮水安全人口192万人），投资61.4亿元；单村供水工程9113处，涉及479万人，投资22.7亿元。

8.1.2.4　当地水挖潜和水资源调配工程建设

重点兴建双峰寺水库，总库容1.31亿m^3，90%保证率年可向承德市供水5600万m^3，工程总投资13.62亿元。扩建石河水库，使总库容达到1.0亿m^3，提高秦皇岛市供水保证率，工程投资1.7亿元。建设引滦入唐输水渠道除险加固与生态防护工程及保定一亩泉补水工程等水资源配置工程，总投资2.98亿元。建设雨洪资源及非传统水利用工程，投资约12.97亿元。以上开源措施可增加供水量4.04亿m^3。

8.1.2.5　非常规水资源开发利用工程建设

在河北省县级以上地区全部建成污水处理厂的基础上，加大再生水利用力度，使再生水利用量增加7亿m^3以上。

微咸水利用包括直接利用和与淡水混合（轮流）利用两种方式。考虑开发利用微咸水的条件限制，规划在地下水矿化度2~3g/L的微咸水区增打、补打微咸水浅井（或中浅井）1.53万眼，估算投资0.76亿元。微咸水开采利用程度达到可开采量的50%，供水量为3.61亿m^3。

海水直接利用以沿海发电等项目冷却用水为主，主要包括黄骅电厂、秦皇岛电厂、王滩电厂、曹妃甸钢铁厂、曹妃甸华润电厂等，2020年规划合计直接利用海水作为冷却用水41.93亿m^3（折合淡水1.05亿m^3）。其中，黄骅电厂年淡化海水量920万m^3作为厂区内生产、消防、生活用水，秦皇岛电厂利用海水淡化供生活用水0.05亿m^3（折合淡水0.015亿m^3），曹妃甸华润电厂海水淡化工程处理海水约1.73亿m^3（折合淡水0.52亿m^3）。海水淡化估算投资2800万元。

8.1.2.6　灌区节水改造和再生水回用农业设施建设

加快实施大中型灌区节水技术改造，进行6个大型灌区的渠首改造，7个大型灌区的骨干排水工程清淤疏浚、衬砌，对所有大型灌区骨干工程进行更新，并完善田间配套工程。到2015年全部完成大型灌区的节水技术改造，工程实施后，大型灌区地表水灌溉水利用系数将提高到0.69左右。集中财力优先实施南水北调配套工程与灌区共用的输水干渠（沙河干渠、石津总干渠、民有干渠）节水改造工程，对重点中型灌区实施节水改造。项目总投资17.44亿元，其中大型灌区14.44亿元，中型灌区3.0亿元。

在现有输配水设施的基础上，鼓励和支持兴建再生水回用农业配套的调蓄工程与引水工程，使再生水利用落到实处。

8.1.2.7 水资源管理制度与能力建设

制定《河北省节约用水管理条例》、《河北省水资源费征收管理办法》、《河北省实施〈水法〉办法》和《河北省地下水控制开采条例》等法规或规章。参照北京市等省市的有关规定，结合河北省实际，制定《城市雨水设施建设管理办法》、《关于加强再生水工程建设及再生水利用的暂行规定》、《积极推进利用海水管理办法》及《扩大微咸水利用的规定》等相关地方性规章，并对利用非常规水资源提供优惠政策。

投资4430万元建立以计量设施为基础、通信系统为保障、计算机网络为依托、决策支持系统为核心的水资源实时监控和调度管理系统，提高水资源的科学配置能力和水平。

8.1.2.8 深化全省涉水事务管理体制改革

目前，河北省水务管理体制已不能适应即将面临的当地水、再生水和外来水等多种水源联合供水的复杂形势。省政府和水务行政主管部门应未雨绸缪，做好外调水（包括引江水和引黄水）实施条件下的水资源统一配置的前期工作，尽快研究和决策水务管理体制改革等重大事项，建议及早成立河北省水务集团，建立水资源统一管理、统一核算、分类定价、城乡互补的管理体制，为用足用好黄河水和南水北调中线水奠定基础，提高水资源整体利用效率。

全省应以建设节水防污型社会为目标，系统推进区域涉水事务综合管理体制改革，制定应对严重缺水的水务管理体制改革方案，对城乡水资源全面规划、统筹兼顾、优化配置。实现农村供水与城市供水的统筹，实现城市水利工程与其他城市公用设施建设的协调，对城乡取水、供水、用水、排水、污水处理、再生水回用和地下水资源保护实行综合管理和统一调度。

8.1.2.9 完善以水价改革为核心的市场经济调节机制

制定《河北省深化供水价格改革指导意见》，促进全省各行业供水价格改革的深化。在农业方面，在完善实施"民办公助"和"以奖代补"政策的基础上，推行计量收费和终端水价。在井灌区或是计量设施较好的渠灌区，大力推广桃城区创建的"一提一补"水费收取制度，在不增加农民负担的基础上，促进农业用水的节约。在工业方面，完善计划用水和用水定额标准，推行超计划、超定额累进加价制度。将供水水费与污水处理费收取剥离，根据污染物排放的实际情况征收污水处理费，对于循环用水水平较高的企业减免污水处理费。生活上，推进计量收费和阶梯式水价，同时完善弱势群体的基本用水保障制度。

完善水资源费征收和管理制度，重点推进超采区地下水资源费和公共管网区域自备水源水资源费的改革，充分发挥经济杠杆在水资源管理中的作用。

8.1.2.10 建立特殊情景下的水资源安全保障应急机制

(1) 制定临时性调整用水方案，短期和局部有偿借用农灌用水

在太行山山前平原建立城市应急供水输水工程体系。邯郸、邢台、石家庄、保定等市继续利用已有的水库引水入市工程；沧州市在利用引黄水的基础上，利用王大引水工程，提高城市供水保证率。衡水市应尽早安排衡水湖西库扩建工程，以充分利用卫运河水、引黄水，并通过石津渠相机引用黄壁庄水库水。唐山市、秦皇岛市通过配置多种水源用足用好现有水库供水量。承德市要尽快修建双峰寺水库。在特殊情况下，牺牲短期和局部农业利益，有计划地将种植业用水调整给城镇生活或工业，并对农业给予合理补偿。

(2) 采取应急强化节水措施，适当压缩城市生产和生活用水

在特殊枯水年及其他特殊缺水情境下，对居民生活用水实施定时供水、限量供水、减压供水等强化节水措施，适当降低居民和公用用水标准，压低相应用水定额。同时，对经济效益和社会影响较小的工厂、企业实行限产或停产，对第三产业用水实施严格的定额管理，特别是洗浴、洗车等高耗水行业用水，必要时要暂时关闭，停止或减少城市河湖景观供水。

(3) 临时动用水库死库容蓄水量

这部分蓄水量包括邯郸市的岳城水库、东武仕水库，邢台市的朱庄水库，石家庄市的岗南水库、黄壁庄水库，保定市的西大洋水库、王快水库，唐山市的陡河水库，秦皇岛市的石河水库，沧州市和衡水市的大浪淀和衡水湖。唐山市和秦皇岛两市还可通过全局性安排，适当利用潘家口水库、大黑汀水库及桃林口水库的死库容。经初步测算，上述水库死库容合计 9.6 亿 m^3，按动用死库容的 30% 计算，可供应急水量约 2.9 亿 m^3。

(4) 扩大地下水超采和加大外调水量

在采取上述各种措施供水仍有缺口时，应遵循"以人为本"的原则，对地下水压采的机井实施封而不废，或新辟备用地下水源地，在特殊情况下适当扩大地下水超采量。另外，还应当研究加大南水北调供水量的可行性和具体措施以及实施应急引黄等措施应对城市水危机。

8.2 投资估算

根据河北省应对严重缺水近期实施意见涉及的领域，可将工作项目分为六大类，即节水与治污工程、当地水开源和配置工程、引黄工程、南水北调配套工程、农村人口饮水安全工程和管理设施建设等。据初步估算，至 2015 年工程建设共需资金 580.67 亿元，其中节水治污工程资金 375.97 亿元，当地水开源和配置工程资金 31.27 亿元，引黄工程资金 15.04 亿元，南水北调配套工程资金 67.46 亿元，农村人口饮水安全工程资金 90.50 亿元，管理设施资金 0.43 亿元。以上资金中，其他节水、节水型社会建设和城市点源治污工程主要是企业自筹或市场融资，扣除这一部分，以财政为主要投资来源的项目所需总投资约为 280.29 亿元。

各项目投资估算及其效果分析详见表 8-1。

表 8-1 河北省应对严重缺水实施方案近期项目安排（2015 年）

分类	项目指标 建设内容	单位	数量	投资/万元
一、节水治污工程	—	—	—	3 759 700
1.1 农业节水	通过各项节水措施，年节水量达到 7.61 亿 m³	—	—	581 500
1.1.1 节水工程	发展节水灌溉，全省平均灌溉水利用系数提高至 0.74	万亩	1 400	536 900
喷灌工程	发展喷灌工程	万亩	87	32 900
微灌工程	发展微灌工程	万亩	79	118 100
管灌工程	发展管灌工程	万亩	1 079	323 800
斗、农级渠道防渗	对灌区斗、农级渠道进行防渗	万亩	155	62 100
1.1.2 计量设施	监测井	万眼	20	30 000
1.1.3 示范区	节水示范区建设	处	32	3 200
1.1.4 试验站点	试验站点建设及站点内科研投资	个	14	8 200
1.1.5 管理、科研及技术推广	管理体系建设、农艺节水技术科研与推广、节水宣传培训等	—	—	3 200
1.2 大中型灌区节水技术改造	—	—	—	174 400
1.2.1 大型灌区	大型灌区地表灌溉水利用系数提高到 0.73 左右	—	16	144 400
1.2.2 中型灌区	重点中型灌区节水改造	—	—	30 000
1.3 其他节水	—	—	—	1 164 000
1.3.1 工业节水	年节水能力 6.5 亿 m³	—	—	1 100 000
1.3.2 生活及建筑、三产节水	年节水能力 1.6 亿 m³	—	—	64 000
1.4 节水型社会建设	在 4 个国家级试点、9 个省级试点基础上加大节水型社会试点建设	—	—	14 000
1.5 治污工程	—	—	—	1 825 800
1.5.1 集中处理	增加处理能力 821.4 万 m³/d	—	—	1 493 000
1.5.2 点源处理	工业污染治理规模 65.1 万 m³/d	项	77	332 800
二、当地水开源与配置工程	—	—	—	312 710
2.1 重点水源工程	—	—	—	153 200
2.1.1 双峰寺水库工程	总库容 1.31 亿 m³，90% 年供承德市 5600 万 m³	—	—	136 200
2.1.2 扩建石河水库	大坝加高，输水洞、泄洪洞改建等，总库容达 1.0 亿 m³	—	—	17 000
2.2 水资源配置工程				29 827

续表

分 类	项目指标 建设内容	单位	数量	投资/万元
2.2.1 引滦入唐输水渠道除险加固与生态防护工程	隧洞、渡槽、渠道等	—	—	9 800
2.2.2 王快—西大洋两库连通及一亩泉补水工程	渠道、隧洞	—	—	20 027
2.3 雨洪资源及非传统水利用工程	—	—	—	129 683
2.3.1 山区集雨工程	水窖、水池、塘坝	座	46 789	17 410
2.3.2 洪水利用	改建、新建平原闸涵	座	121	90 300
2.3.3 城市雨洪利用	集雨池容积38.5万m^3、透水地面2 200hm^2、下凹式绿地2 263hm^2等			11 573
2.3.4 微咸水和海水淡化利用工程	增打、补打微咸水浅井或中浅井及修建微咸水、海水淡化站			10 400
三、引黄工程	—	—	—	150 422
3.1 西线	—	—	—	38 006
3.1.1 渠道工程	渠道开挖、扩挖、清淤、复堤	km	145.3	15 315
3.1.2 干渠建筑物工程	输水建筑物新建、扩建、维修加固	座	14	12 781
3.1.3 口门建筑物工程	新建闸涵及维修加固现有分水、排水、挡水闸涵	座	23	7 214
3.1.4 泵站工程	新建泵站及维修加固现有泵站	座	6	480
3.1.5 桥梁工程	新建、拆除重建桥梁及现有桥梁维修加固	座	22	2 216
3.2 中线	—	—	—	34 245
3.2.1 渠道工程	渠道开挖、扩挖、清淤、复堤	km	106.2	22 742
3.2.2 干渠建筑物工程	输水建筑物新建、扩建、维修加固	座	8	6 576
3.2.3 口门建筑物工程	新建闸涵及维修加固现有分水、排水、挡水闸涵	座	55	4 062
3.2.4 桥梁工程	新建、拆除重建桥梁及现有桥梁维修加固	座	12	865
3.3 东线		—	—	78 171
3.3.1 引水管线工程	省内外管线部分	m^3/s	8	17 543
3.3.2 调蓄工程	杨埕水库	万m^3	6 568	46 162
3.3.3 供水泵站工程	供水泵站一处	万m^3/d	23	2 814
3.3.4 供水管线工程	两条供水管线共32.7km	万m^3/d	21	11 652
四、南水北调配套工程	—	—	—	674 608
4.1 大型跨市干渠	—	—	—	564 124

续表

分类	项目指标 建设内容	单位	数量	投资/万元
4.1.1 廊坊干渠工程	实施廊坊干渠工程，具备向廊坊市和沿线部分县城供水的条件	m³/s	11	140 257
4.1.2 石津干渠及中东线连通工程	实施石津干渠工程及南水北调中东线连通工程，实现向石家庄、衡水、沧州供水的任务	m³/s	65	251 101
4.1.3 沙河干渠工程	实施沙河干渠从总干渠口门到沙河灌渠的连通工程及新开渠至任丘工程	m³/s	30	69 510
4.1.4 邯沧干渠工程	通过总干渠民有渠临时分水口门，经民有干渠、东风渠、老沙河、清凉江等现有河道与东线总干渠连通，向沧州、衡水等地区输水	m³/s	70	27 052
4.1.5 赞善干渠工程	新建赞善干渠，实现向沙河市、南宫市等目标供水的任务	m³/s	10	76 204
4.2 总干渠沿线设区市输水工程		—	—	45 686
4.2.1 邯郸市区供水管道	建设输水管道2条，实现向邯郸市区和纵横钢铁供水的任务	m³/s	0.48~2.8	5 817
4.2.2 邢台市区供水管道	建设输水管道4条，实现向邢台市区、内丘、临城供水的任务	m³/s	0.24~5.25	3 319
4.2.3 石家庄市区供水管道	建设输水管道9条，一座调蓄工程，实现向石家庄市区、石家庄高新区、良村开发区、藁城市、晋州市、元氏、高邑供水的任务	m³/s	0.95~4.78	21 976
4.2.4 保定市区供水管道	建设输水管道7条，实现向保定市区、唐县、满城、清苑、雄县、涿州供水的任务	m³/s	0.83~6.4	14 574
4.3 县城等其他输水工程		—	—	64 798
4.3.1 邯郸工程	建设输水管道1条，实现向邯峰电厂供水的任务	m³/s	0.99	1 538
4.3.2 邢台工程	建设输水管道2条，实现向内丘、临城供水的任务	m³/s	0.61	785
4.3.3 石家庄工程	建设输水管道5条，实现向藁城、晋州、辛集、元氏、高邑供水的任务	m³/s	0.65~1.86	16 149
4.3.4 保定工程	建设输水管道7条，实现向唐县、满城、清苑、雄县、涿州等供水的任务	m³/s	0.83~1.52	16 264
4.3.5 廊坊工程	建设输水管道2条，2实现向霸州市、胜芳工业区供水的任务	m³/s	1.9~2.1	10 874
4.3.6 沧州工程	利用现有管道，实现向黄骅港、黄骅市等供水的任务	m³/s	—	—

续表

分类	项目指标			投资/万元
	建设内容	单位	数量	
4.3.7 衡水工程	建设输水管道3条，实现向深州、安平、饶阳供水的任务	m³/s	0.8~2.4	19 188
五、农村饮水安全工程	建设10 781处供水工程，其中可解决农村饮水不安全人口1 870万人	—	—	905 000
5.1 扩户工程	解决农村饮水不安全人口162万人	处	100	64 000
5.2 联村供水工程	解决农村饮水不安全人口1 230万人	处	1 358	614 000
5.3 单村供水工程	解决农村饮水不安全人口478万人	处	9 113	227 000
六、管理措施	—	—	—	4 300
6.1 水资源管理与监测	—	—	—	4 300
财政投资合计（不含其他节水、节水型社会建设及治污工程费用）	—	—		2 802 940

第 9 章 方略近期实施效果的综合评价与分析

本次研究属于重大社会公益性研究,因此对方略近期实施效果评估主要从水资源效果、社会效益、经济效益和生态环境效益等方面进行。

9.1 资源效果分析

按照 2008 年河北省供水工程体系,50%频率情况下当地地表水可供水量为 50.7 亿 m^3,外调水中只有现状引黄供水量 1.3 亿 m^3(扣除输水损失后的净水量)。按照地下水采补平衡的原则,浅层地下水可开采量 99 亿 m^3,应急阶段深层地下水允许开采量 11 亿 m^3,包括微咸水、再生水在内的其他非常规实际供水量仅为 2.8 亿 m^3,可供水总量为 164.8 亿 m^3。

采取扩大外调水、开发当地水、加大非常规水利用等项措施,在新增各项供水工程如期发挥效益的前提下,经济社会各项供水会有所增加,预计 2015 年 50%频率情况下当地地表水可供水量将达到 52.0 亿 m^3,外调水,包括南水北调中线近期配套调水实施和引黄入冀工程增加供水,扣除输水损失后的净供水量可达 15.9 亿 m^3,其他非常规水源供水量提高到 11.3 亿 m^3。地下水开采量仍控制在合理范围内,即浅层地下水可开采量为 99 亿 m^3,深层地下水允许开采量为 11 亿 m^3。合计供水总量为 189.2 亿 m^3,比不采取前述各项措施增加供水量 24.4 亿 m^3。

2020 年保证率 50%情况下当地地表水可供水量达到 53.1 亿 m^3,外调水中南水北调中线和引黄入冀工程均达到设计供水能力,扣除输水损失后的净供水量为 29.4 亿 m^3。其他非常规水源供水量达 18 亿 m^3,地下水开采量仍维持浅层地下水可开采量 99 亿 m^3,深层地下水允许开采量 11 亿 m^3 的开采水平。合计供水总量为 210.5 亿 m^3,比不采取前述措施增加供水量 45.7 亿 m^3。

9.2 社会效益分析

本方略实施将会推进节水型社会建设进程、提高农村饮水安全保障、提高水资源管理水平,同时还将促进引黄和南水北调引江体系的完善,其社会效益十分显著,具体包括以下六大方面。

9.2.1 促进全省节水型社会建设加速实施

本研究针对河北省严重缺水的现实,在全面分析近年来节水成效的基础上提出"将建设节水型社会作为缓解河北省缺水问题的根本途径，进一步根据水资源承载能力优化产业结构和布局，完善用水总量控制与定额管理相结合的制度，大力推进各行业节水工程建设与管理，不断提高水资源利用效率和效益"，并将"实施最严格的水资源管理，全面建设节水型社会"作为八大方略之首，必将有力地推动节水型社会建设，有效降低用水需求。

按照河北省经济社会发展规划，预计2015年和2020年，全省人口将分别达到7223万人和7429万人，城镇化率达到51%和57%。在综合考虑经济发展与资源、环境之间等关系的基础上，预计2015年全省地区生产总值可达27 945亿元，三次产业结构调整为11∶51∶38。2020年地区生产总值将达到39 867亿元，三次产业结构调整为10∶52∶38。按照《河北省灌溉发展规划》，2015和2020水平年全省灌溉面积仍保持基准年的6807万亩。以农业部门规划的农业结构调整为依据，考虑水资源承载能力和省情实际，粮食作物将适度压缩，经济作物及蔬菜种植面积将有所增加。在不考虑节水型社会建设和产业结构调整等各项措施的条件下，预测2015年和2020年保证率50%年全省社会经济需水量分别为256.7亿m^3和267.0亿m^3。在按照本方略充分考虑节水型社会建设和产业结构调整等各项措施后，2015年和2020年保证率50%年社会经济需水量分别为233.7亿m^3和238.2亿m^3，比上述需水量分别减少23.0亿m^3和28.8亿m^3。另外，如果实施农业生产的虚拟水战略，全省总需水量每年还可减少29亿~33亿m^3。

总之，本方略实施后河北省社会经济发展对水的需求量可减少10%左右。由于社会经济发展阶段和产业结构的特殊性，到2020年，河北省社会经济需水量将仍呈增长趋势，但增长幅度不大，与基准年合理需水量相比，年增长率约为0.5%。

9.2.2 保障人民群众饮水安全

河北省现有2323万饮水不安全人口。本方略以馆陶、南宫、青县、容城、固安、阜城、栾城和玉田等8个整体推进县为重点，解决农村人口饮水安全问题，这也是推进供水工程建设的重要目标。具体地，在山区地区选择修建引泉工程，实施机井、集雨工程，在丘陵地区以打中深机井及兴建引水库水、河水工程为主，在坝上地区以中深机井为主，在苦咸水和高氟水地区，靠机井配置电渗析、反渗透除咸降氟降碘等设备解决水质问题，对于因地下水埋深浅水质受到污染的村庄，可采取封闭浅层水，开采合格深层地下水等办法。在河北省全省建设集中供水工程10 781处，可解决饮水不安全人口1870万人。对于中南部地区的城镇供水可以随着南水北调配套工程建设而逐步得到保障。在通水前，充分利用现有南水北调京石段应急供水、平原调蓄等工程，改善了供水条件。截至2009年，已安排解决农村960.22万人的饮水不安全问题。

9.2.3 提高水资源管理水平

为实现河北省产业结构布局与水资源承载能力的协调，促进水资源的高效利用和有效保护，实现水资源管理由供水管理向需水管理转变，要认真贯彻落实国家有关资源节约与综合利用精神，制定利于节水减污的区域产业政策。对于循环型企业、清洁生产型企业、节水型企业、再生水制造企业等，实行以奖代补、税收减免、贴息贷款等相关激励政策，引导区域产业结构的升级和布局的优化。

通过水资源管理措施的完善、水务管理体制改革的实施以及河北省水务集团的建立等，建立水资源统一管理、统一核算、分类定价、城乡互补的管理体制。在水资源量化管理方面建立以计量设施为基础、通信系统为保障、计算机网络为依托、决策支持系统为核心的水资源实时监控管理系统为用足用好黄河水和南水北调中线水奠定基础，可提高水资源的科学配置能力和水平。

9.2.4 支撑国家粮食增产计划

为贯彻落实《全国新增1000亿斤粮食生产能力规划（2009—2020年）》，有效改善河北省农业生产条件，进一步提高河北省粮食综合生产能力和市场竞争力，全面完成国家分配河北省的41亿斤粮食增产任务，河北省发展和改革委员会制定的《河北省新增41亿斤粮食生产能力实施规划（2009—2020年）》，参考本研究的相关成果，提出发展节水农业，同时通过引黄工程建设改善河北中南部地区农业灌溉条件，加大中低产田改造和高标准农田建设力度。预计到2020年，恢复和改善灌溉面积1200万亩，新增节水灌溉面积2946万亩（预计增加粮食产量8.5亿kg），改造中低产田和建设高标准农田945万亩，可增加粮食产量4亿kg。仅这两项措施即可增产粮食12.5亿kg，将对国家粮食安全和经济发展以及社会稳定发挥重大作用。

9.2.5 加快南水北调配套工程建设步伐

河北省政府常务会议在审议本课题提出的应对方略时，当场决定了两件事：一是加大引黄力度；二是成立水务集团。水务集团是解决南水北调配套工程建设资金筹措困难、运行管理困难的关键，它的成立标志着南水北调配套工程建设迈出了坚实的一步，对尽早"用足用好"外来水，缓解河北省严重缺水局面，促进区域经济发展具有重要意义。

9.2.6 促进河北省引黄工程建设进程

河北省引黄工程从20世纪50年代开始，走过了艰难曲折的历程，黄河水量分配方案也已经过去了20多年，河北省引黄工程始终没有走上正轨。尽管国务院"87"黄河可供水量分配方案中河北省（含天津市）有20亿m^3黄河水量指标，但由于河北省没有引黄专用通道，目前只有1994年实施的从山东省位山引水的引黄入冀工程，设计引黄水量6.2亿m^3（入省界水量5.0亿m^3）。但该工程实施15年以来，由于缺乏自主管理、调度的条件，加之枯水期四个月引水与农业灌溉时间极不匹配，省内蓄水及配套工程不完善，截至2008年河北省累计引水30亿m^3，年平均引水量仅2.14亿m^3，不仅小于引黄入冀工程设计规模，更远未达到每年 20 亿 m³ 的黄河水量分配指标。

2009 年 5 月水利厅向河北省省长胡春华、副省长张和汇报方略主要成果及近期实施意见后，胡春华省长当即表示从省长基金中拿出 5000 万~6000 万元用于 2009 年引黄水费的政府补贴，同时要求加大与水利部、兄弟省的沟通，加快加大引黄的前期工作。2009 年河北省实际引黄水量达到了 5.35 亿 m³，为引黄工程实施以来的最高纪录。按照本研究提出的引黄工程东、中、西三条输水线路的总体布局，目前河北省西线近期邯郸引黄穿卫工程已开工建设、山东潘庄引黄实施方案已通过水利部水利水电规划设计总院的审查。河北省引黄工程建设正在加快实施，必将对河北省经济社会发展产生深远影响。

9.3 经济效益分析

9.3.1 经济总投资情况

根据河北省近期应对严重缺水工作的内容，可将项目分为六大类，即节水与治污工程、当地水开源和配置工程、引黄工程、南水北调配套工程、农村人口饮水安全工程和管理设施建设等。据初步估算，至 2015 年共需资金 580.67 亿元，其中节水治污工程资金 357.97 亿元，当地水开源和配置工程资金 31.27 亿元，引黄工程资金 15.04 亿元，南水北调配套工程资金 67.46 亿元，农村人口饮水安全工程资金 90.50 亿元，管理设施资金 0.43 亿元。以上投资中，工业节水和城市点源治污工程主要是企业自筹或市场，扣除这一部分，以财政为主要投资来源的项目所需总投资约为 280.29 亿元。

9.3.2 投资成本与效益分析

工程项目的经济性体现在工程的边际效益高低或机会成本大小，应优先实施边际成本低且增加水量多的措施。

引黄工程：引黄工程大部分利用现有工程，输水距离较近，水量大、见效快，近期成本为 0.432 元/m³，远期为 0.393 元/m³，不仅可补充农业灌溉，还可补充地下水约 7 亿 m³。河北省政府对本研究提出的"八大方略"十分重视，决定从 2009 年起每年拿出专项经费，对引黄水费进行补贴（每 1m³ 水补贴 0.1 元），激发了各地引黄的积极性，过去河北省 15 年引黄平均引水量 2.14 亿 m³/a，2009 年冬季河北省引黄水量大幅度提高，达到了 5.35 亿 m³（入境水量），比以往年份增加 3.21 亿 m³，其中工业城市水量增加 0.92 亿 m³，农业水量增加 1.34 亿 m³，白洋淀生态、生活和水产养殖水量增加 0.95 亿 m³。保守估计可使工业增加值提高 9 亿元以上，农业增产粮食 4 万 t，农民纯收入增加 2000 万元。由于保证了白洋淀不干淀，水产养殖减少损失 9500 万元（未计入旅游效益）。如果全面实施河北省引黄计划，其经济效益将非常显著。

节水方面：随着节水水平的提高，节水的实施难度和成本随之增加。农业节水工程近期节水量 7.61 亿 m³，资源性节水成本为 1.12 元/m³，远期工程节水量 5.19 亿 m³，节水成本为 1.50 元/m³。如果考虑"真实节水",其成本将提高一倍。工程性节水的措施主要是渠道防渗,它在节水的同时,也会减少地下水补给量,就区域水资源量来讲,节水贡献约相当于开源的二分之一。

污水处理回用:污水二级处理成本约 0.80 元/m³,到田间约 1.20 元/m³。现状工业污水几乎全部用于灌溉,污水处理回用只是改善了灌溉水质,数量上并未增加,但污水处理回用仍然是必要的,水资源的数量与质量同等重要。

雨洪资源利用:雨洪资源利用理论成本为 0.75 元/m³。但保证率低,利用比较困难,只能在特殊年份、特定地点相机利用,不能大规模开发作为常规水使用,具有一定局限性。

海水淡化:成本为 4.00~6.00 元/m³,受成本和地域限制,只能用于沿海城镇、工业。

南水北调中线工程:该工程虽然具有一定公益性,以市场操作为主,河北省口门水价达 1 元/m³ 以上,供水目标为工业和城镇。该工程可以对河北省水资源紧缺和地下水严重超采问题起到有力缓解。

由上述分析可见,从水量、成本以及生态效益角度,优先实施引黄工程、加快水务体制改革等措施,可解决水利发展中的深层次问题,使水利发展走上良性、快速的轨道。同时采取开源、节流、保护等综合措施,可有力解决目前河北省的水危机。

9.4 生态与环境效益分析

9.4.1 环境污染控制

根据《河北省水资源综合规划》,2020 年全省投资 168.8 亿元,在全省县级以上城镇全部建成污水处理厂的基础上,加大再生水利用力度,污水处理回用率达到 60%,再生水利用量达到 14.6 亿 m³。污水二级处理成本约 0.80 元/m³,到田间约 1.20 元/m³。通过大力推进污水处理回用,将再生水提供给工业,特别是作为电厂冷却水使用,其余可用于城市河湖生态和市政建设。处理后的再生水还可用作农田灌溉,是保证河北省区域内粮食产量的重要水源之一。

9.4.2 生态环境修复

为全面修复河北省生态环境,提高水环境质量,2015 年和 2020 年,河北省全省城市环境需水量分别为 3.60 亿 m³ 和 4.41 亿 m³,包括湿地、河道及地下水等生态需水在内的总的生态需水量将达到 64.3 亿 m³ 和 65.9 亿 m³。

2015 年和 2020 年,当地水多年平均可供生态(湿地、河道及地下水生态用水)用水量仍维持在 7.0 亿 m³ 左右,考虑到南水北调东线及引黄入淀可能使河道及白洋淀、南大港等湿地的供水分别增加 1.8 亿 m³、2.3 亿 m³,因此,如考虑全面恢复生态环境,满足湿地、河道等生态需水,全省生态环境缺水量仍达 50 亿 m³ 左右。

同时，由于河北省水资源极度短缺，生态环境用水长期被大量挤占，生态环境遭到严重破坏，在未来 10 年，生态环境需水总量将稳定在 65 亿 m³ 左右，约占需水总量的 22%。

从以上供需平衡分析结果可以看出，实施上述方略，采取增建供水工程、强化节水和加大非常规水源利用等措施，可在一定程度上缓解河北省水资源供需矛盾，实现方略确定的预期目标，对河北省经济社会发展具有明显的支撑作用，但是与彻底解决河北省水资源短缺的问题仍有一定差距。从用水户情况来看，农业用水和生态环境用水处于弱势，本方略在综合考虑水资源、经济及社会等因素的同时，加大了未来河北省生态环境的修复与保护规划力度，有利于水资源可持续利用、经济社会与生态环境的健康协调发展。

第 10 章　方略实施的保障措施与外部环境研究

10.1　方略实施保障研究

本方略实施需要内、外环境的两方面保障,其中内部保障重点是体制和资金保障,外部保障主要是国家、流域机构和相邻兄弟省市的支持。

10.1.1　内部保障体系研究

10.1.1.1　进一步深化水务改革,完善水资源管理体制

进一步完善水资源管理体制,完善流域管理与行政区域管理相结合的水资源管理体制,继续推进城乡水务一体化,优化配置水资源,提高水资源利用效率的体制保证。在水资源统一管理的前提下,对涉水行政事务统一管理:对城乡水资源进行统一管理,对辖区范围内防洪、水源、供水、用水、节水、排水、污水处理与回用以及农田水利、水土保持乃至农村水电等涉水行政事务统一管理。严格执行地下水开发利用管理规定,加强用水定额管理和总量控制,促进非常规水源如再生水的利用。要从过去"以需定供"转变为"以供定需",从供水管理转变为需水管理,实现水资源可持续利用,并按水资源的状况来确定国民经济的发展和规划。加快城乡水务集团的建设进程,为强化水资源的统一管理提供一个有效的平台,对受水区水资源实施统一管理、优化配置、科学调度、分类定价、统一核算、统一上结,在水行政主管部门的宏观管理和政策法规的约束下,保障受水区各种水资源互补互济,发挥各自优势,产生最大效益。

10.1.1.2　切实加强领导和部门协作

建立起省主要领导负责、各相关部门参与的河北省应对严重缺水问题工作领导机构,将近期各项工作任务分解到有关部门,并落实具体的责任主体。各级政府要把实施和落实方略作为全面建设小康社会、促进区域社会、经济与环境协调发展的重要举措纳入政府工作,并协调财政、水利、环保、城建、农业等相关部门建立联席会议制度,形成合力,保证各项措施的顺利实施。同时切实加强对于缺水问题应对工作的管理,完善工作绩效考核机制。各级政府和相关部门要把缺水应对工作摆在更加突出的位置,由主要领导负责,分管领导具体负责,树立全局观念和大局意识,加强部门之间的协调配合,形成合力,建立统筹协调、组织有序、运转高效、保障有力的工作机制。要根据河北省的水资源条件和经

济社会发展水平，统筹谋划好水资源管理工作。要从解决当前最紧迫、最突出、最重大的问题入手，在实行最严格的水资源管理制度等重点领域和关键环节取得新突破。

10.1.1.3 建立有效的资金保障体系

追踪国家投资方向和重点，利用国家投资拉动的契机，精心优选工程项目，争取增加国家支持的途径和办法，同时加大地方投入力度，稳定和扩大水利投资规模，并采取多种方式，积极拓展投资渠道，吸纳各种社会资金，从而建立以政府投入为主体、市场化运作和民间资本参与的多元化、多层次、多渠道水利投融资机制，形成有效的资金保障体系。因为水利建设是以社会公益事业为主，所以政府是水利投入的责任主体。在此以外，也要解放思想，更新观念，加大市场融资力度，同时要落实政策和依法收费。要建立责任约束机制，提高投资计划管理质量。运用市场规则，增强水利行业发展与积累的能力。还要强化资金管理监督，提高投资使用效益。

10.1.1.4 推进社会软环境建设

加大对于河北省水资源状况和节水防污型社会建设的宣传力度，正确引导公众对于省内水资源和缺水问题的认识，树立节水和水资源保护意识。同时搭建面向公众的信息平台，促进社会公众了解政府应对严重缺水问题的举措和战略部署，动员群众广泛参与，实现决策科学化和民主化，创造节约用水、团结治水、关注民生的文明社会氛围等。同时，还要以需求为导向、以应用为核心，推进水务信息化，提高水务部门的服务支撑能力，也提高水务工作的效率。

10.1.1.5 完善技术支撑体系

充分利用省内科技力量，同时争取省外有力支持，形成应对缺水问题专项工作的技术支撑。解决缺水问题需要同时采取节流和开源措施，开源一般采取调水、海水利用和城市污水资源化等措施。加强对河北省水资源管理和缺水问题的学术研究和研讨，针对水价改革、海水利用、生态用水、再生水回用等专项问题开展研究，并通过大力研发和推广农业、工业和生活节水技术来增强科技保障。

10.1.2 外部保障体系研究

10.1.2.1 国家层面的大力支持

河北省的粮食生产在全国占有重要地位，是我国13个粮食主产省之一，为国家的粮食安全保障作出了突出的贡献。河北省政府决定打造4000万亩粮食核心区来保障国家粮食安全，其中黑龙港和运东地区耕地面积达3200万亩。而河北省农业灌溉大多采用地下水，因过度开采地下水，造成地面沉降、海水入侵等一系列生态问题，不仅修复代价高，而且粮食产量低。如果解决好水的问题，该区域粮食增产潜力可在550万t以上。所以，目前河北省的缺水状况也需要国家层面的关注和支持。尤其是在引黄指标、南水北调配套工程投资、虚拟水战略等方面靠河北省自身力量很难左右的层面，需要国家政策、资金等多方面的大力支持。河北省需要扩大引黄工程规模，建设永久性引黄通道，用足用好引黄指标，以缓解河北省的用水压力。建议水利部协调山东、河南两省支持河北省扩大引黄工程规模，把山东、河南的工程纳入引黄规划，并建议国家价格管理部门主持研究出台引黄入冀的供水价格。另外，1992年水利部主持河北、山东两省签订的"一部两省"引黄协议，到2009年年初已到期。为保障扩大引黄工程规模长期有效运转，建议水利部主持，组织河北省与山东省续签、与河南省新签长期引黄协议，增强引黄入冀的稳定性。

10.1.2.2 流域管理机构的有效协调

应对河北省严重缺水问题，需要建立流域与区域管理相结合的水资源统一管理体制。其中，流域机构负责水资源在区域之间的优化配置，使有限的水资源发挥最大效益，而区域水资源管理是在流域宏观控制下，对水资源实行定额管理。尤其在流域机构管理层面，因为河北省主要归属于黄河流域和海河流域，因此，需要得到黄河水利委员会和海河水利委员会等流域机构的支持。尤其在争取引黄指标等方面，河北省需要得到流域管理结构的全方位协调和支持。

10.1.2.3 兄弟省市之间的密切合作

河北省东与天津市毗连并紧傍渤海，东南部、南部衔山东与河南两省，西与山西省为邻，西北部、北部与内蒙古自治区交界，东北部与辽宁省为接壤。多年来，河北省对支持北京、天津等重点地区的经济社会发展做出了突出的贡献。而目前河北省缺水形势极其严重，并且经济发展水平也严重落后于北京和天津等地。因此，河北省的发展也急需获得兄弟省市的支持，尤其需要得到京津地区的反哺。河北省在周边兄弟省市之间的经济、科技等各方面的通力合作和支持下，通过区域间水资源的科学合理配置，将会有效地改善缺水状况，更高效地调配和利用区域间的水资源。

10.2 水务集团组建方案研究

10.2.1 组建水务集团的必要性

南水北调工程建成之后，受水区将出现引江水、引黄水、当地地表水、地下水、非常规水（再生水、微咸水、海水、雨洪水）多水源并存的复杂供水格局。这些水源不仅在供水时间和空间上千差万别，并且不同水源的取水成本（或水价）存在巨大差异，供水范围广阔（相对于南水北调受水区其他省市）的特点使不同区域取用外来水的成本差异性更为突出，无论什么用水户（行业用户和地域用户），并不关心取什么水对环境有什么危害、对其他用户有什么影响、对公共利益有什么损失，总是首选对自己有利的、成本最低的水源。这就构成了用户之间甚至是用户与社会管理者的一种"博弈"，因此必须设计一种机制和制度，把水资源合理配置作为社会目标，通过设计"博弈"的具体形式，在满足参与者各自条件约束的情况下，使参与者在自利行为下选择的策略能够让配置结果与预期目标相一致。成立水务集团是实现受水区水资源管理机制和制度创新的关键环节，是实现受水区水资源合理配置目标的组织保障。

此外，南水北调配套工程覆盖河北省 6.4 万 km² 的区域，投资规模巨大，建设任务繁重，单靠政府投资建设难度很大，且建设周期很长。为使南水北调工程尽快发挥效益，必须改革现有的水利投融资机制，由政府批准建立新型的融资平台（即水务集团）。以政府投资为资本金，以受水区现有水利固定资产为贷款抵押保证，吸纳银行和社会资金。组建水务集团是保障南水北调工程以最快的速度建成、在最短的时间内发挥效益、最大程度地缓解河北省缺水问题的关键。

综合以上两方面因素，为保障方略的实施，建议依托南水北调工程，率先在南水北调受水区成立水务集团，这是河北省南水北调配套工程建设难度大和受水区水源多元、成本多样、用户多种、范围广阔的特点所决定的。在南水北调运行期，水务集团的基本任务就是要对受水区水资源不分外来和当地水、不分地表和地下水地实施统一管理、优化配置、科学调度、分类定价、统一核算、统一上结，在水行政主管部门的宏观管理和政策法规的约束下，保障受水区各种水资源互补互济，发挥各自优势，产生最大效益。

10.2.2 水务集团组建框架

根据拟成立的水务集团的目标任务，结合河北省水管理体制现状，河北水务集团的框架初定如下。

10.2.2.1 性质和规格

水利是政府管理和控制的公共服务领域，具有显著的社会公益性特征，市场化程度有限。因此拟组建事业性质的河北省水务集团，应界定为具有事业部门性质的特殊企业单位，隶属于河北省水利厅、河北省南水北调办公室管理。鉴于集团建设任务艰巨，运营管理和安全供水责任重大，管理的资产较多，且需要对受水区水资源实行联合调度，建议河北省水务集团机构规格为副厅级。

10.2.2.2 主要职责

河北省水务集团的主要职责包括：①履行河北省南水北调水厂以上配套工程建设项目法人和投资主体职责；②负责南水北调水厂以上配套工程的投融资工作，并对银行贷款实行统贷统还；③负责岗南水库、黄壁庄水库、石津灌区等新划入河北省水利厅管理的 4 座水库和灌区部分经营性资产和南水北调水厂以上配套工程的运营管理及保值增值；④执行河北省水利厅水资源配置调度计划，负责受水区当地水和外调水水量配售、各口门水量计量、水费征收及向国家的水费上解；⑤负责南水北调中线一期干线工程河北段受委托项目的建设管理工作，代表河北省政府履行南水北调中线干线工程的出资人职责；⑥负责河北省水务集团财务管理、资产管理、计划管理、内部审计、人事劳动管理、党建工作、精神文明建设及廉政建设；⑦完成河北省水利厅、河北省南水北调办公室交办的其他工作。

10.2.2.3 组建方式

按照"精简、高效"的原则，整合河北省水利厅直属的河北省水利国有资产事务管理中心、河北省水资源开发中心、河北省南水北调办公室直属的河北省南水北调工程建设管理局、河北省南水北调征迁与技术研究中心、河北省南水北调工程监管中心5个处级事业单位。整合水利厅下属的3个水库和灌区（岗南水库、黄壁庄水库、石津灌区）、原由市级管理的4座南水北调配套工程规划内的水库[东武仕水库、朱庄水库、西大洋水库（含唐河灌区）]、王快水库（含沙河灌区）的部分经营性资产，加入水务集团。

10.2.2.4 经费来源

南水北调工程建设期间，河北省水务集团经费来源于南水北调干线工程建设管理费和南水北调配套工程建设管理费。南水北调配套工程正式运营后，河北省水务集团经费来源于供水收入。

10.2.2.5 资金筹措

按照河北省政府批准的《河北省南水北调配套工程规划》，河北省水务集团近期（2009~2014年）建设任务是建设向7个设区市、25个县（市、区）供水的干渠和输水管道。建议资本金由省、市、县三级财政共同筹措，按股份的形式加入河北省水务集团进行统一经营管理，其余利用银行贷款。

10.3 方略实施的相关政策建议

10.3.1 争取国家对河北引黄指标和工程建设的支持

引黄工程是涉及民生的公益性项目，工程实施不仅对维持白洋淀、衡水湖乃至整个华北地区的生态环境至关重要，而且对提高黑龙港及运东地区粮食产量、保障国家粮食安全具有十分重要的作用。

按照1987年国务院办公厅转发国家计划委员会和水利电力部《关于黄河可供水量分配方案报告的通知》，河北省分配到的黄河水量指标为20亿m^3。1988年，水利部海河水利委员会曾主持启动引黄入淀工程，确定河北省首先利用黄河水10亿m^3，但是因河南省境内的引黄线路存在异议以及引江中线前期工作等原因而未能实施。1994年，在国家农业开发项目的支持下，为缓解黑龙港地区农业的缺水局面，河北省实施了引黄入冀工程，确定河北省年引黄水量5亿m^3，黄河口门水量6.2亿m^3。即使这样的指标也远未达到，从1994年至今，年均引水量不足2亿m^3。

河北省目前正在抓紧推进永久性引黄工程建设，通过完善或开辟中、东、西三条引黄线路，扩大河北省的引黄规模。到 2015 年前，这三条线路可形成年利用黄河水近 10 亿 m³ 的能力。引黄中线工程依托现有的"引黄入冀"和"引黄济淀"工程，以衡水湖、大浪淀、白洋淀为供水目标，重点解决白洋淀生态用水和沧州、衡水沿线工业和农业灌溉用水，通过完善现有的工程体系，将其建设成为永久性引黄工程。引黄东线是河北省中南部地区经济发展的龙头沧州渤海新区的专供用水工程。该工程为新开辟线路，由山东省滨州市境内小开河引水，通过管道输水至河北省杨埕调蓄工程。引水管道自山东省滨州市下泊头泵站至杨埕调蓄工程，线路总长 11.76km，其中山东省境内 8.11km，河北省境内 3.65km，引水规模 8m³/s。引黄西线工程是新谋划的引水线路，打通大功干渠线路，并利用濮清南灌干渠加五支渠作为补充，建设成白洋淀生态用水的长效工程，并重点解决黑龙港地区农业灌溉用水，实现年引水量 9.88 亿 m³。另外，濮清南干渠线路可以作为引黄西线的补充，相机引水，重点解决邯郸东南部的灌溉用水。引黄西线远期谋划专用通道，争取实现河北省灌溉适时引水。

引黄工程因为涉及兄弟省市境内的工程和黄河水量调度等问题，且投资较大，单靠河北省自身力量很难实施。因此，建议以河北省政府名义上报国务院，争取国家在政策、资金、水量调度和省外输水线路上的支持。

10.3.2 争取多方筹资，落实南水北调配套工程投资

河北省是南水北调工程的主要受益省份之一。南水北调中线主体工程总干渠位于河北省太行山与平原区交接地带，可控制河北省中南部平原 6.21 万 km²，包括邯郸、邢台、石家庄、保定、衡水、廊坊、沧州 7 个市 92 个县与县级市。河北省正在着力打造南水北调配套工程"两纵六横十库"的骨干供水架构，在河北省中南部平原形成现代化的新水网。"两纵"为南北走向的中线总干渠和东线总干渠（或引黄干渠），"六横"为从中线总干渠引水，自西向东延伸的大型输水工程，包括邯郸民有干渠、邢台赞善干渠、石家庄石津干渠、保定沙河干渠、廊坊干渠和天津干渠。"十库"包括大浪淀、千顷洼、广阳水库、白洋淀四座平原水库以及东五仕、朱庄、岗南、黄壁庄、王快、西大洋六座西部山区水库。在这一骨干供水架构下，建设 101 条专用引水管道和 27 座中小型调蓄工程，对各城市水厂及管网进行相应改扩建。可见，河北省配套工程建设任务十分繁重。

目前河北省面临的最大困难是配套工程建设资金的筹措。南水北调中线主体工程建设要求河北省分担 56.1 亿元，在受水的省市中是最多的，而河北省配套工程资金筹措的难度更大。引江中线京、津两市用水范围集中，"水到渠成"，而河北省受水区供水目标多达 112 个，需建 5 条总长达 718km 的输水分干渠、101 条引水管线、大量调蓄工程以及净水厂和市政管网等，总投资 323 亿元。按照目前河北省南水北调基金征收的实际和可能的财政投入，加上贷款等渠道筹集的资金，仅建设主体工程和各城镇水厂以上配套工程资金缺口即有 134 亿~170 亿元。由于资金缺口太大，极有可能影响到南水北调工程在河北省受水区及时、全面发挥效益。因此一方面继续加大河北省内南水北调建设资金的筹资力度，另一方面也需要争取中央政府的资金支持，调动地方积极性，以尽早开始配套工程建设。

配套工程建设资金可以采取政府主导、多方筹措的集资方案。城镇水厂以上配套工程，建设初期可以公共财政性资金占主导地位，贷款和社会融资比例低一些，随着工程布局的展开，政策法规的完善，用水对调水工程的依赖性增强，再加大水价改革力度，逐步增大市场融资份额。水厂及配水管网，则可以通过政府给予一定的政策支持，再吸引社会资金，进行市场融资。

10.3.3 推进新形势下的流域水资源合理配置进程

多年来河北省为保证北京、天津两市的用水安全和生态安全做出了巨大贡献，南水北调实施生效后，天津市供水条件得到了极大的改善，于桥、潘家口水库上下游地区应作为南水北调的间接受益区来对待。河北省应积极争取国家对京津上游地区的政策倾斜，特别应积极争取对滦河水进行重新分配，同时吁请国家体谅河北省以往对北京、天津作出的贡献，通过多种途径给予河北省支持，而且还应落实北京、天津两市反哺河北省的各项措施，以实现区域社会经济的和谐发展。

国家目前在推进的京津冀经济一体化建设也尤其必须重视河北省的崛起。河北省作为京津冀经济圈的发展腹地，对整个环渤海地区在新世纪的经济腾飞中具有至关重要的作用。京津冀"双黄蛋"结构，是上百年历史形成的，精华大都集中在北京、天津，河北省是两市的营养库。北京、天津两市应弱化行政区划，立足长远，反哺河北省。

而在区域水资源合理配置方面，一方面，长期以来北京、天津需水量越来越大，为保证供水，河北省不得不作出牺牲；另一方面河北省自身水资源持续减少，缺水压力严重。尽管在水资源规划和管理方面北京、天津和河北省已做了大量的工作，但还需要进一步协调。目前，为解决京津冀地区水资源紧缺的工作主要是立足自身挖潜，包括节约用水、污水处理回用、雨洪利用和政策等方面的措施及综合对策，但京津冀同处一个流域单元，其水资源是一个系统，生态环境是一个整体，需要统筹考虑，在水资源开发、利用与保护方面，需要协调发展和协作攻关，推进新形势下流域水资源合理配置进程。

10.3.4 制定和实施利于节水减污的区域产业政策

为协调河北省产业结构布局与水资源承载能力的管理，促进水资源的高效利用和有效保护，实现由供水管理向需水管理转变，要认真贯彻落实国家有关资源节约与综合利用精神，制定利于节水减污的区域产业政策。例如，对用水单位要采取循环用水、一水多用等节水措施，大力开发和推广节水技术；要严格限制高耗水工业的发展；在新建高耗水项目建议书中，必须包括用水专项论证，否则不得立项和建议；对于超定额用水的，要加价收费；而对于循环型企业、节水型企业、再生水制造企业等，则实行以奖代补、税收减免、贴息贷款等相关激励政策，引导区域产业结构的升级和布局的优化。

第 11 章　基本结论与主要创新

11.1　基 本 结 论

11.1.1　严重缺水状态识别与系统诊断

河北省是我国人均水资源量最少的省份之一，且农业灌溉和重工业用水比例高，生态与经济、经济社会各用水部门之间用水竞争性十分强烈，是全国缺水问题最严重的地区之一。全省现状正常年份总缺水约 121.36 亿 m^3，其中生态缺水 70 亿 m^3，农业缺水 46 亿 m^3，农村生活缺水量为 3.40 亿 m^3，城镇生活和工业缺水 1.96 亿 m^3。在空间分布上，包括邯郸、衡水、沧州、邢台等地的海河南系平原区缺水最为严重，生态缺水最为严重的是保定，其次为石家庄、沧州等地区。河北省缺水问题不仅造成农村人畜饮水不安全、农业发展停滞不前、生态环境系统严重退化、地下水超采漏斗遍布，而且干扰了城镇居民的生活秩序，制约了区域工业的进一步发展。

可以看出，河北省缺水已在各个层次的用水主体有不同程度的、明显的表现，表明区域缺水目前已开始进入危机状态。造成河北省严重缺水问题根本原因，一方面在于区域水资源先天不足的自然条件与承载地区的经济社会规模过大不相适应，另一方面节水和水资源管理相对滞后以及水环境严重污染也在一定程度上加剧了水资源短缺的严峻形势，因此河北省缺水问题根本上是一种基础性的资源危机，同时也包含着一定成分的治理危机。

11.1.2　分项调控措施与水资源合理配置

河北省三次产业中农业比例过大，农业中高用水低附加值的粮食种植比例过大，工业中高耗水的重型化和初级化工业比例过大，今后要积极转变经济发展方式，优化调整产业结构和种植结构。各行业节水方面，农业节水工程近期节水量 7.61 亿 m^3，节水成本为 1.12 元/m^3，远期工程节水量 5.19 亿 m^3，节水成本为 1.50 元/m^3；工业和生活近期节水成本为 1.60 元/m^3，远期节水成本为 1.90 元/m^3；公共管网和生活节水器具改造近期节水成本为 1.69 元/m^3，远期工程节水成本为 2.04 元/m^3。开源方面，河北省常规水源整体已没有开源潜力，但区域不均衡，山区和东部平原还有少量潜力，约为 9 亿 m^3。再生水方面，省内无论是处理后入河排水量还是直接排河的污水量，都已被农业灌溉等所利用，因此污水的处理回用主要是规范用水主体和提高回用水质量，在新增水量方面无太大潜力，污水二级处理成本为 0.80 元/m³。海水利用方面，秦皇岛市、唐山市、黄骅市沿海工业 2020 年海水利用量预计可发展到 2.65 亿 m³，成本为 4.00~6.00 元/m³；黑龙港运东地区苦咸水利用量可以增长到 4.3 亿 m³；南水北调中线引江水一期分配给河北省 30.4 亿 m³（总干渠分水口水量），口门水价达 1 元/m³ 以上；引黄水分配给河北省（及天津市）指标 18.44 亿 m³（黄河渠首水量），近期成本为 0.432 元/m³，远期为 0.393 元/m³。此外，水务体制改革、水价改革和水资源宣传教育属于软措施，但对于缓解缺水紧张局面具有重大作用，且投入较小。

基于以上分析，深入推进节水型社会建设、加快引黄和南水北调配套工程建设、加快涉水事务管理体制改革是应对严重缺水的当务之急。

11.1.3　未来水资源演变及供需态势分析

从未来的水资源演变情势来看，河北省地处全球气候变化影响的敏感区，区域内工业化和城镇化进程还将持续推进，以气温升高为主要特征的气候变化和以下垫面变化为主要内容的人类活动将有可能造成区域水资源进一步衰减。尽管衰减幅度尚不能完全确定，但初步研究结果表明这种影响程度已不能忽视，海河流域水源区气温每升高 1℃，水资源量将减少 5%~8%，以下垫面变化为主的人类活动对区域产水量的影响贡献率甚至超过气候变化的影响。

综合考虑河北省水资源自然条件、经济社会发展和生态环境保护需求，在全面建设节水型社会、强化节水的情景下，2015 年、2020 年河北省需水量分别为 232 亿 m³、241.5 亿 m³。综合考虑区内常规和非常规水源挖潜、南水北调引江和引取黄河水以及地下水压采，在及时通水和推迟通水两种条件下，2015 年供水总量分别为 202.9 亿 m³ 和 181.5 亿 m³，2020 年供水总量为 214.4 亿 m³。通过水资源合理配置，及时调水和推迟通水两种方案，2015 年缺水量分别减少到 32.3 亿 m³ 和 52.1 亿 m³，缺水率分别为 13.7% 和 22.1%，2020 年缺水量为 27.0 亿 m³，缺水率为 11.2%。

从水资源供需平衡情况来看，在全面采取多渠道开源、深度节流和系统配置等综合措施后，河北省未来缺水情况在很大程度上缓解，但水资源短缺的基本格局仍然没有从根本上改变，未来水资源安全保障形势仍不容乐观，这表明河北省缺水问题的解决是一个长期的艰巨任务，必须在科学发展观的指导下，坚持改革创新，以超常的勇气、科学的方法和巨大的投入综合应对。

11.1.4　应对严重缺水的基本思路与总体方略

以科学发展观为指导，按照民生水利和实施最严格水资源管理的要求，结合区域实际，河北省严重缺水问题的应对思路可概括为"保民生、重生态、促和谐、多途径、分片区、抓重点"，实行节流与开源、加强管理与工程建设、常规措施与非常规措施、城市与农村、区内与区外、近期与远期相结合，到 2015 年全省整体缺水状况得到缓解，农村饮水安全人口比例达到92%，农业灌溉用水保证率有所提高，地下水超采量减少15亿m^3，初步建立重点生态系统的补水机制；到2020年全省基本实现农村人畜饮水安全，一般年份水资源供需和地下水采补基本平衡，最基本的生态用水得到初步保障，水生态环境恶化趋势得到遏制。

依据上述思路原则和目标要求，本书提出河北省应对严重缺水的八大方略：实施最严格的水资源管理，全面建设节水型社会；大力争取区外新增水量，充分利用好引黄引江水；加速民生水利建设，保障城乡居民饮水安全；完善工程与机制体系，促进水生态环境修复；加大非常规水源利用，充分挖掘区内潜力；强化水资源的综合配置，推进多水源联合调度；创新水价格和经济制度，发挥市场配置作用；优化产业结构和布局，实施"虚拟水"战略。上述方略为未来一个时期河北省应对严重缺水实践提供了系统指南和整体框架。

11.1.5 近期实施重点任务与投资估算

基于上述总体方略，提出近期实施的10项重点措施，从而明确了"十二五"时期河北省应对严重缺水的建设任务，具体包括：试点带动与整体推进相结合，加快节水型社会建设进程；构建完善的引黄工程体系，加速南水北调配套工程建设；农村人口饮水安全保障基础设施与管理体系建设；当地水挖潜和水资源调配工程建设；非常规水资源开发利用工程建设；灌区节水改造和再生水回用农业设施建设；水资源管理制度与能力建设；深化全省涉水事务管理体制改革；完善以水价改革为核心的市场经济调节机制；建立特殊情景下的水资源安全保障应急机制。

投资估算情况见9.3.1节。

11.1.6 应对严重缺水的水务管理体制改革建议

南水北调工程在河北省覆盖面广，配套工程投资巨大，建设任务繁重，单靠政府投资建设难度很大，建设周期很长。为使南水北调工程尽快发挥效益，必须改革水利投融资机制。在南水北调工程通水后，受水区将出现引江水、引黄水、当地地表水、地下水、非常规水等多水源并存的复杂供水格局，迫切需要统一调配不同水源，实现多水源的整体优化配置。基于这一需求，本项研究提出成立河北省水务集团建议，为南水北调配套工程建设与运行管理，以及多水源的统一调配提供体制保障。在配套工程建设时期，以政府投资为资本金，以受水区现有水利固定资产为贷款抵押保证，吸纳银行、社会资金，在工程运行期间代表政府行使水资源统一管理和多水源统一调度职能，切实保障南水北调工程以最快的速度建成，在最短的时间内发挥效益，最大程度地缓解河北省缺水问题。

11.2 主 要 创 新

本研究主要取得四项创新性成果，包括两项基础创新成果和两项应用创新成果，其中在基础创新层面形成了全口径缺水识别技术方法和严重缺水条件下的水资源合理配置理论与方法；在应用创新方面提出了为河北省严重缺水状态的系统诊断与识别和河北省应对严重缺水的整体方案。

11.2.1　区域缺水全口径识别技术

全口径缺水识别是指对全口径水源的供水量和全口径用户的需水量进行全面，其中在供水端从水分的有效性出发，综合考虑有效降水和人工取供水量，并考察不同供水量中的水质满足程度，如生活用水量中高端用水（如饮用水和食物相关的用水）的水质要求；在需求端计算天然河湖生态、地下水资源系统、农业、工业、人工生态和生活用水需求量。在此基础上，按照缺水的梯度理论，逐级计算各用水户的实际缺水量，最后汇总形成包括生态环境和经济社会系统的全口径缺水量。此外，本次研究中还创新地提出了基于存量的破坏性缺水和基于增量的约束性缺水的概念，为显性和隐性缺水的综合识别奠定了基础；同时在分项用户缺水量定量计算技术上也取得了一系列创新，如工业、生活、生态环境缺水的计算技术等，为缺水识别的定量化实现提供了有效的技术支撑。

全口径缺水识别技术通过水资源供需全要素的系统均衡，不仅能够定量计算出区域系统缺水量，同时能够识别出不同缺水主体的相互的作用机制与影响，为科学分析和识别区域缺水状态提供了基本的技术途径，具有明显的自主原始创新特性，在水资源系统评价和规划中具有重要的应用价值。

11.2.2　严重缺水区域水资源合理配置技术

河北省属于严重资源型缺水地区，其中海河南系平原现状缺水率超过30%，各行业用水竞争性十分强烈，因此这一特殊地区水资源配置具有其特殊的要求。针对这一特点，项目组创新性地提出了严重缺水地区的水资源合理配置理论与方法，在配置理念上坚持公平、效率和可持续性的统一，以促进社会公平为基本准则，兼顾水资源利用的效率及其可持续性；配置目标上，突出了基于民生改善的基本用水保障配置，考虑水资源条件的重点生态用水配置，促进发展方式转型的多经济部门的用水配置以及考虑水质需求差异的分质供水配置；配置方法上，以模拟优化为主要途径，并吸收了基于准则的配置方法和基于博弈的配置方法的优点；模型技术上，面向河北省资源型缺水的实际，将集总式的多目标决策模型和分布式水循环模拟模型耦合，实现了耗水控制功能。

本次研究提出的严重缺水区域水资源合理配置方法及配套研发的模型技术，是项目承担单位在多年从事水资源合理配置研究的基础上，密切结合河北省严重缺水和用水强烈竞争的实际，创新形成的成套技术方法，属于有显著进步的改进性创新，经实践检验具有先进性和实用性。

11.2.3 河北省严重缺水系统诊断与识别

本次研究应用区域缺水全口径识别技术，对河北省现状缺水状况进行了系统诊断与识别，计算了河北全省的全口径缺水量，开展了现状缺水量的空间展布，客观分析了不同地区缺水的内在成因，深入研究了缺水对于区域经济社会发展的综合影响，不仅在许多分项问题的认识上具有明显的创新性和客观性，更为重要的是首次形成了对于河北省严重缺水态势的系统认知，对于深化河北省水情的认识，采取科学的应对策略和措施，以及进一步争取国家和相关各方的支持，具有重大的实践指导和应用价值。

本次研究首次形成了包括表象、量化、分布、归因和影响在内的河北省严重缺水的系统诊断与识别成果，是区域水资源科学规划和布局的客观基础，是具有原创特色的应用性成果。

11.2.4 河北省应对严重缺水整体方案

在进行水资源合理配置的基础上，本次研究坚持以科学发展观为指导，按照民生水利和实施最严格水资源管理的要求，提出了河北省应对严重缺水的总体思路、基本原则和近远期目标，在此基础上形成了全面建设节水型社会、充分用好引黄引江水等应对严重缺水的八大基本方略，以及近期以包括引黄工程建设在内的十项重点措施，最后还提出了方略和措施的保障体系，并重点提出了组建省水务集团的建议及初步设想。上述整体构成了河北省应对严重缺水的整体方案，为今后较长一个时期内河北省水资源安全保障实践提供了系统指导。

河北省应对严重缺水整体方案属于具有原创特色的集成型应用成果，会在今后较长一个时期内持续发挥战略性、指导性的作用。目前该成果已经发挥了重大作用，取得了巨大的经济和社会效益，最显著的作用是促成了 2009 年河北省加大引黄水规模至 6 亿 m^3 以及河北省水务集团的组建。

参 考 文 献

边志勇, 韩会玲. 2008. 河北省水资源利用现状与节水灌溉对策. 水利发展研究, 6: 49-51.
陈传友, 马明. 1999. 21 世纪中国缺水形势分析及其根本对策——藏水北调. 科技导报, 2: 7-11.
陈家琦, 钱正英. 2003. 关于水资源评价和人均水资源量指标的一些问题. 中国水利, 21: 42-46.
陈亮. 2009. 浙江省水资源短缺状况多指标综合评价. 安徽农业科学, 37 (20): 9550-9552.
陈守煜, 胡吉敏. 2006. 可变模糊评价法及其在水资源承载能力评价中的应用. 水利学报, 37 (3): 265-271.
崔志清, 董增川. 2007. 河北省南水北调配套工程建设与管理体制研究. 水科学与工程技术, 6: 36-38.
戴洪斌, 苏宝军. 2006. 陕西创新水利投融资机制初探. 中国水利, 14: 42-43.
冯朝晖. 2003. 河北省水资源危机及其解决对策. 河北环境科学, 4: 1-4.
冯战洪. 2001. 关于河北省水资源开发利用对策的几点建议. 水利经济, 7: 23-27.
高前兆, 张迅, 莫秉德. 2008. 缺水地区经济发展中的水资源管理研究——以石羊河流域为例. 干旱区研究, 25 (5): 607-614.
耿六成. 2007. 河北省南水北调配套工程特点及实施策略. 南水北调与水利科技, 5 (3): 1-3.
郭大本. 2008. 世界资源性缺水原因和解决途径. 黑龙江水专学报, 35 (1): 60-65.
胡浩云, 郭凤台, 刘亮. 2004. 河北省水资源可持续发展存在问题及对策. 河北建筑科技学院学报, 21 (3): 75-77.
黄初龙, 章光新, 杨建锋. 2006. 中国水资源可持续利用评价指标体系研究进展. 资源科学, 28 (2): 33-39.
金菊良, 王文圣, 洪天求, 等. 2006. 流域水安全智能评价方法的理论基础探讨. 水利学报, 37 (8): 918-924.
李春晖, 杨志峰. 2004. 水资源评价进展与存在的几个问题. 水土保持学报, 18 (5): 189-192.
李京善, 苗慧英, 王建伟, 等. 2009. ET 管理在农业用水规划中的应用. 南水北调与水利科技, 7 (3): 74-76.
李力, 沈冰. 2008. 太原市水资源合理配置研究. 西北农林科技大学学报, 36 (2): 199-204.
李艳芳. 2002. 别墅水资源危机及水资源的可持续利用. 石家庄师范专科学校学报, 4 (2): 32-34.
连进元, 赵秀平. 2006. 河北省水资源现状及污水再生利用. 石家庄职业技术学院学报, 18 (4): 1-3.
林超, 何杉. 2003. 海河流域生态现状用水量调查和生态需水量计算方法. 水利规划与设计, 2: 11-18.
林盛吉, 张庆庆, 愈超锋, 等. 2011. 干旱指数在杭州市历年旱涝特征分析中的应用. 中国农村水利水电, 1: 69-73.
刘宏权, 韩会玲, 梁素韬. 2003. 解决河北省水资源危机的若干途径. 河北农业大学学报, 26 (增刊): 234-237.
刘建基. 2007. 建立科学完善的山东水利投融资机制之我见. 山东水利, 10: 49-53.
刘志国, 付建飞, 王恩德, 等. 2007. 河北省水资源演化分析及预测. 安全与环境学报, 7 (4): 72-76.
卢兴旺, 孙颖, 李冬梅, 等. 2009. 浅析水资源合理配置. 水利科技与经济, 15 (1): 58-59.
吕长安. 2003. 河北省水资源现状分析及解决措施. 中国水利, 3: 76-78.
马乐宽, 刘国彬, 李天宏, 等. 2008a. 流域生态环境需水与缺水快速评估 (I): 理论. 水利学报, 39 (9): 1023-1036.

马乐宽,刘国彬,李天宏,等.2008b.流域生态环境需水与缺水快速评估(Ⅱ):应用.水利学报,39(11):1151-1159.

马黎,汪党献.2008.我国缺水风险分布状况及其对策.中国水利水电科学研究院学报,6(2):131-135.

毛慧慧,李建柱,王晓云.2009.区域降雨的丰枯特性及其补偿特性分析.天津大学学报,42(5):378-381.

邵薇薇,杨大文.2007.水贫乏指数的概念及其在中国主要流域的初步应用.水利学报,38(7):866-872.

沈久泊,赵梅梅.2009.浅析水资源合理配置与可持续发展.水利科技与经济,15(3):229-230.

盛亚平,郝同军.2004.河北省水资源基本现状与对策初探.河北经济研究,4:7-9.

粟晓玲.2007.石羊河流域面向生态的水资源合理配置理论与模型研究.西北农林科技大学博士学位论文.

王浩,王建华,贾仰文,等.2006.现代环境下的流域水资源评价方法研究.水文,26(3):18-21.

王浩.2006.我国水资源合理配置的现状和未来.水利水电技术,37(2):7-14.

王建军.2008.河北省水资源利用现状及应对措施.产业与科技论坛,7(2):85-86.

王礼茂,郎一环.2002.中国资源安全研究的进展及问题.地理科学进展,21(4):330-340.

王少波.2007.面向用水户的水资源合理配置研究.西安理工大学博士学位论文.

王晓青.2001.中国水资源短缺地域差异研究.自然资源学报,16(6):516-520.

王英虎.2004.南水北调与河北省水资源管理刍议.河北水利,3:28-29.

夏骋翔.2006.水资源短缺的定义及其测定.水资源保护,22(4):88-91.

夏军,王中根,刘昌明.2003.黄河水资源量可再生性问题及量化研究.地理学报,58(4):534-541.

夏军,朱一中.2002.水资源安全的度量:水资源承载力的研究与挑战.自然资源学报,17(3):262-269.

夏星辉,沈珍瑶,杨志峰.2003.水质恢复能力评价方法及其在黄河流域的应用.地理学报,58(3):458-463.

谢翠娜,许世远,王军,等.2008.城市水资源综合风险评价指标体系与模型构建.环境科学与管理,33(5):163-168.

徐振辞,孙梅英,王福田,等.2007.河北省水资源可持续利用现状与展望.南水北调与水利科技,5(6):74-77.

徐振辞.2009.区域水资源管理与河北省水资源管理研究重点任务.水利发展研究,1:34-38.

徐中民,龙爱华.2004.中国社会化水资源稀缺评价.地理学报,59(6):982-988.

杨路华,宗淑萍,贾金生.2004.南水北调来水后河北省水资源情况与利用对策.海河水利,1:12-17.

姚晨光.2006.河北省水资源开发利用现状与对策.海河水利,8:6-7.

姚治君,王建华,江东,等.2002.区域水资源承载能力的研究进展及其理论探析.水科学进展,13(1):111-115.

于茜,瓦哈甫·哈力克,杨晋娟,等.2009.虚拟水战略——解决干旱区缺水问题的全新思路.新疆农业科学,46(1):184-190.

於方,过孝明,张强.2003.城市污染型缺水的界定及其经济损失的计算.中国环境科学,23(1):100-104.

岳书平,张林泉,张树文,等.2008.可持续发展视角下山东省缺水类型定量评价及其空间特征研究.农业系统科学与综合研究,24(2):236-242.

曾国熙，裴源生．2009．流域水资源短缺风险调控模型研究．东北水利水电，3：24-27．
张金堂，郎洪钢，朱学思．2009．河北省水资源开发利用问题与对策．河北水利，8：7-8．
张俊栋，刘文利，赵凤琴，等．2009．唐山市水资源合理配置研究．工业安全与环保，35（4）：58-60．
张鹏飞，郭靖．2009．邯郸市缺水类型分析——模糊模式分析．水利科技与经济，15（1）：55-57．
张书滨，傅春，刘文标，等．2009．江西省农业旱情预测模型的建立与应用．南昌大学学报（工科版），31（2）：179-182．
张翔，夏军，贾绍凤．2005．干旱期水安全及其风险评价研究．水利学报，36（9）：1138-1142．
赵海东．2008．河北省水资源利用问题及治理初探．地下水，30（4）：111-112．
赵勇，裴源生，陈一鸣．2006．我国城市缺水研究．水科学进展，17（3）：389-394．
赵勇，裴源生，王建华．2009．水资源合理配置研究进展．水利水电科技进展，29（3）：78-84．
周鑫根．2005．浙江省城乡一体化供排水体系研究．北京：化学工业出版社．
左其亭，吴泽宁．2003．基于风险的黄河流域水资源可再生性评价指标．人民黄河，25（1）：38-40．
Appelegern B, Ohlsson L. 1998. Social resource scarcity: a critical factor in the Nile Basin. Conference paper prepaned for Nile 2002, Kigali, 22-27.
Bragalli C, Freni G, La Loggia G. 2001. Assessment of water shortage in urban areas. Methods and Tools for Drought Analysis and Management, Part V: 375-398.
Clarke R, King J. 2004. The Water Atlas. New York: The New Press.
Falkenmark M, Widstrand C G. 1992. Population and water resources: a delicate balance. Population Bulletin, 47 (3): 1-36.
Idso S, Jackson R, Pinter P. 1981. Normalizing the stress-degree-day parameter for environmental variability. Agricultural Meteorology, 24: 45-55.
Kogan F, Gltelson A, Zakarln E, et al. 2003. AVHRR-based spectral vegetation index for quantitative assessment of vegetation state and productivity: calibration and validation. Photogrammetric Engineering & Remote Sensing, 69 (8): 899-906.
Lawrence P, Meigh J, Sullivan C. 2002. The water poverty index: an international comparison. Keele Economics Research Papers, http://www-docs.tu-cottbus.de/hydrologie/public/scripe/lawreace-etal2002.pdf.
Meigh J, Sullivan C. 2005. Targeting attention on local vulnerabilities using an integrated index approach: the example of the climate vulnerability index. Water Science and Technology, 51 (1): 69-78.
Mlote S, Sullivan C, Meigh J. 2002. Water poverty index: a tool for integrated water management. Dar es Salaam: The 3nd Water Net Symposium, Water Demand Management for Sustainable Development.
Ohlsson L. 2000. Water conflicts and social resource scarcity. Physics and Chemistry of the Earth, Part B: Hydrology, Oceans and Atmosphere, 25 (3): 213-220.
Sullivan C. 2002. Calculating a water poverty index. World Development, 30 (7): 1195-1210.